餐饮行业职业技能培训教程

图解创新港式点心制作技艺

苏俊豪 著

中国轻工业出版社

图书在版编目（CIP）数据

图解创新港式点心制作技艺 / 苏俊豪著. —北京：中国轻工业出版社，2020.6

餐饮行业职业技能培训教程

ISBN 978-7-5184-2919-6

Ⅰ. ①图… Ⅱ. ①苏… Ⅲ. ①糕点－制作－技术培训－教材
Ⅳ. ①TS213.23

中国版本图书馆CIP数据核字（2020）第036617号

责任编辑：史祖福　方晓艳　　责任终审：白　洁　　整体设计：锋尚设计
策划编辑：史祖福　　责任校对：吴大鹏　　责任监印：张　可

出版发行：中国轻工业出版社（北京东长安街6号，邮编：100740）
印　　刷：北京富诚彩色印刷有限公司
经　　销：各地新华书店
版　　次：2020年6月第1版第1次印刷
开　　本：787×1092　1/16　印张：11
字　　数：246千字
书　　号：ISBN 978-7-5184-2919-6　定价：69.00元
邮购电话：010-65241695
发行电话：010-85119835　传真：85113293
网　　址：http://www.chlip.com.cn
Email：club@chlip.com.cn
如发现图书残缺请与我社邮购联系调换
200132S1X101ZYW

作者序

各位读者大家好，我是苏俊豪。

二〇一四年我出了第一本食谱，二〇一五年第二本食谱也发行了。我很珍惜每一个能分享好味道的机会，所以二〇一五年我在板桥开了餐厅——台湾糖伯虎港食居。不知不觉，糖伯虎也已经五岁了。期间我在厨艺教室、大专院校餐饮科系、农会家政班，与不同年龄层的学员们分享烹饪技艺与心得，让好味道能走遍每一个角落。

我喜欢做料理，更喜欢看到料理入口后那种幸福的画面。沉淀五年后很高兴可以再次透过食谱，与更多人一起分享这“幸福食光”。

透过料理来传达内心的话，细细品味后您就能了解个中滋味，运用融合料理手法，并将传统港式风味，与台湾味（客家、原住民）创新组合排列，我称之为“台湾港食”，也是我要对您说的料理心里话。

入行二十余年坚持：
食材用心料理，
简单调味衬托，
呈现原食原味，
用心制作每一口祝福，
让您每一口都是幸福。

非常期待读者们能拿着食谱来餐厅找我吃饭，让我能看着你们吃美食，话家常的“幸福食光”。最后感谢为这本食谱付出的好友们，真心感谢。

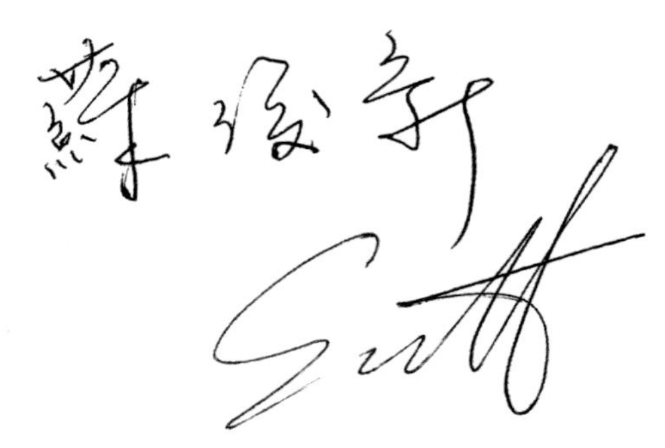

目录

Part 1
现代港点

Part 2
轻食午茶时光

Part 3
补气美容
炖品热糖水

Part 4

港风甜点饮品凉糕

Part 5

台客原美食

Part 1 现代港点

江南才子烧卖

材料

▼ 基本肉馅

材料	用量
去皮五花肉（切小粒）	180克
去皮五花肉（绞细的）	180克
泡发干纽扣香菇	50克

▼ 内馅调味料

材料	用量
太白粉*	1大匙
盐	1小匙
糖	1小匙
上汤鸡粉	1小匙
白胡椒粉	1匙
麻油	1匙

▼ 其他

材料	用量
胡萝卜粒	20克
玉米笋粒	20克
青江菜粒	20克
泡发干纽扣香菇	20克

▼ 烧卖皮

御新小黄皮（烧卖皮）10张

* 本书中，太白粉即马铃薯淀粉。

做法

备料

1 泡发干纽扣香菇切碎，纽扣香菇香气较足，如果使用大朵的，虽然大，但香气比较不足。图1

香菇剁得越细，香菇的气味越容易进入肉里。

基本肉馅

2 机器制内馅：去皮五花肉（切小粒）、所有调味料放入搅拌缸（或不锈钢盆），高速打至起胶、肉产生黏性（或者用手摔打至肉产生黏性）。图2~3

3 泡发纽扣香菇碎、去皮五花肉（绞细的）加入做法2打匀（或用手抓匀）。图4

4 机器或手工制作的内馅，完成后妥善封起，送入冰箱冷藏，冷藏到有一点硬度比较好包。依肉的状态决定是否打水，用常温肉水分比较不足，馅冷藏后就要打一点水调整软硬度，后续比较好包馅。

猪肉可以选黑猪肉，跟白猪肉比起来黑猪肉腥味较轻。

手工制内馅：泡发干纽扣香菇碎、去皮五花肉（切小粒）、去皮五花肉（绞细的）放入容器，摔打搅拌起浆，拌至绞肉有黏性，再加入所有调味料拌匀。

包馅

5 包馅匙将40克内馅抹入小黄皮中心，放入另一手虎口中，压入内馅捏制成形。图5~9

熟制

6 点缀胡萝卜粒、玉米笋粒（烫熟）、青江菜粒（烫熟）、泡发干纽扣香菇（烫熟），送入预热好的蒸笼，中火蒸8~12分钟。图10

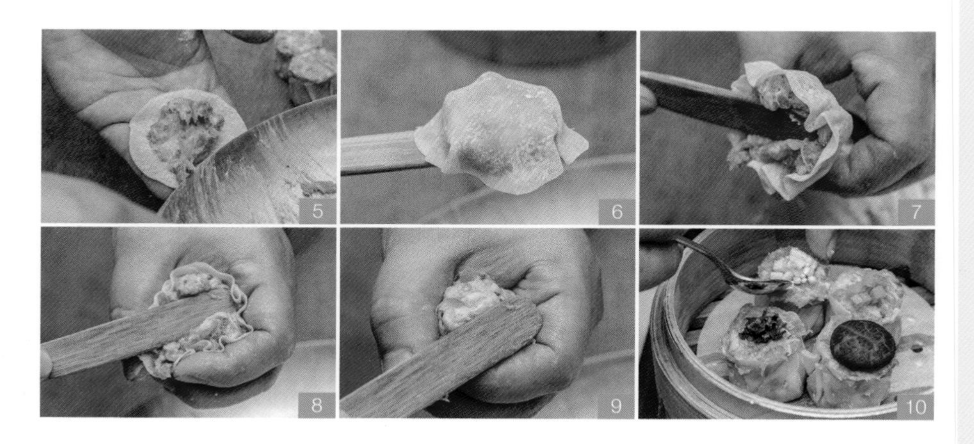

三白美人鱼翅饺

材料

▼ 基本肉馅					
去皮五花肉（切小粒）	100克	胡萝卜	10克	白胡椒粉	1小匙
去皮五花肉（绞细的）	100克	香菜	10克	麻油	1匙
泡发干纽扣香菇	50克	笋丝	50克	鲜味露	1匙
		金茸菇	20克	上汤鸡粉	5匙

▼ 内馅		▼ 调味料		▼ 外皮	
冷冻素鱼翅	20克	太白粉	1大匙	御新大白皮	10张
白虾仁	100克	盐	1/2小匙	御新大红皮	10张
新鲜黑木耳	30克	糖	1大匙		

做法

备料

1 泡发干纽扣香菇切碎，纽扣香菇香气较足，如果使用大朵的，虽然大，但香气比较不足。

香菇剁得越细，香菇的气味越容易进入肉里。

2 白虾仁在背部划一刀，取出肠泥，拍一下，略剁成小颗粒。

3 冷冻素鱼翅化冻；新鲜黑木耳、胡萝卜切丝；香菜切除根部，洗净切碎；笋丝须走水后汆烫，再次洗净压干水分。图1

① 素鱼翅有两种规格，冷冻素鱼翅化冻后直接使用；干鱼翅使用前需泡10~15分钟。
② “走水”意即把材料置于水龙头下，用流动清水冲洗。

基本肉馅

4 机器制内馅：去皮五花肉（切小粒）、所有调味料放入搅拌缸（或不锈钢盆），高速打至起胶、肉产生黏性（或者用手摔打至肉产生黏性）。图2

猪肉可以选黑猪肉，跟白猪肉比起来黑猪肉腥味较轻。

5 加入泡发纽扣香菇碎、去皮五花肉（绞细的）用机器打匀（或用手抓匀）。图3

手工制内馅：泡发干纽扣香菇碎、去皮五花肉（切小粒）、去皮五花肉（绞细的）放入容器，摔打搅拌起浆，拌至绞肉有黏性，再加入所有调味料拌匀。

6 机器或手工制作的内馅，完成后妥善封起，送入冰箱冷藏，冷藏到有一点硬度比较好包。依肉的状态决定是否打水，用常温肉水分比较不足，馅冷藏后就要打一点水调整软硬度，后续比较好包馅。

基本肉馅+内馅

7 将食材放入容器拌匀，完成鱼翅饺内馅。图4

包馅

8 白皮一半抹水，放上红皮，中心抹40克鱼翅饺内馅，对折合起，收口处折出皱褶，如果觉得皮太多可以剪掉。图5~11

熟制

9 蒸前喷水，送入预热好的蒸笼，用中火蒸8~10分钟。图12

① 如果蒸前没有喷水，不容易粘住，蒸好后会分离。

② 没包到馅的部分只有皮对叠，没有喷水的话容易干硬。

霸王蒸四方

材料

▼ 食材		▼ 调味料	
蛋豆腐	1盒	糖	1小匙
鲍鱼	8颗	鲜味露	1大匙
青葱	适量	薄盐酱油	1大匙
红辣椒	适量	白胡椒粉	适量
姜	适量	麻油	适量

做法

备料

1 红辣椒去头尾从中剖开，去子切丝；青葱洗净去除根部，切细丝备用；姜去皮切丝；蛋豆腐修边一开四，放入瓷盘，表面撒上少许太白粉（配方外）备用。图1~5

2 鲍鱼汆烫洗净摘去嘴部（有一个小黑粒），放蛋豆腐上，有蒂头的那面如果朝向蛋豆腐，可以压一下，蛋豆腐上就会有压痕，可以挖掉一部分再放上鲍鱼（类似镶的动作），这样鲍鱼才不会掉。图6~9

熟制

3 送入预热好的蒸笼，用大火蒸约8分钟蒸熟，出炉撒葱丝、姜丝。图10

4 锅里加入少许色拉油，加热至180℃，淋在葱姜丝上。图11

5 将糖、鲜味露、薄盐酱油、白胡椒粉、麻油煮开，淋入盘边，最后放上红辣椒丝。图12

如何完整地取出蛋豆腐？先把包装膜撕掉，倒扣，切一刀破坏包装内的真空状态，取下盒子即可。

挑鲍鱼要选黑鲍，因为白鲍通常都是养殖鲍，都不动静静吸收养分，所以颜色才洁白；野生鲍鱼活泼得很，所以颜色比较黑，弹性也会比较好。

琉璃瑶柱蒸瓜蒲

材料

▼ 食材

大黄瓜	1条
瑶柱	50克
干贝	6颗
鲜汤	1小匙

▼ 调味料

盐	1小匙
糖	1小匙
米酒	适量
白胡椒粉	1小匙
蚝油	1小匙

做法

备料

1 瑶柱洗净加入米酒，酒量需盖过食材，大火蒸1小时，即成瑶柱汤。

2 干贝洗净剥去干贝唇，每颗切1~3片（调整大小才放得进大黄瓜）。图1~2

3 大黄瓜洗净削皮，切5厘米长块，用模具压入去籽，再压花模具塑形。图3~6

4 准备一锅开水，将大黄瓜烫至微软，注意不要伤到外形。

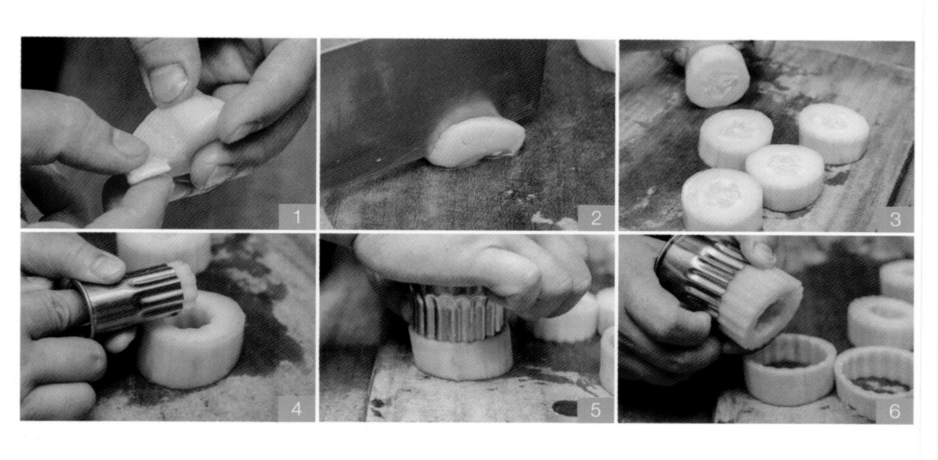

熟制

5 干贝放入大黄瓜中心，送入预热好的蒸笼，用中火蒸2分钟，取出盛盘。图7~8

6 油锅烧热，下适量米酒烹香，下做法1瑶柱汤烧开，加入其他调味料煮匀，以少许太白粉水（配方外）勾芡。图9~12

7 做法6瑶柱汤汁淋到蒸好的黄瓜干贝上，完成。

因为干贝的纤维是直的，所以剥干贝唇时横着剥，就不会伤到本体。干贝的用量依大黄瓜切出数量调整，1段大黄瓜放1颗或半颗干贝。

先烫是为了避免后续蒸不熟，烫过比较保险。另外也需要杀青定色，蒸后比较不易变色。

太白粉：水=1：2预先调匀，不可直接下太白粉勾芡，会结块。

翡翠素斋元宝

材料

▼ 内馅

菠菜	300克
豆干	40克
泡发干纽扣香菇	40克
粉丝	1球
中姜	30克

▼ 调味料

色拉油	1大匙
麻油	1大匙
香菇素蚝油	1大匙
盐	1小匙
糖	1大匙
五香粉	1/2小匙
白胡椒粉	1匙

▼ 烧卖皮

御新翡翠皮	10张

做法

备料

1　菠菜洗净（根部尤其要洗净否则容易残留泥沙），热水氽烫后放入冰块水中冰镇，挤干水分，切碎；中姜去皮切蓉；粉丝泡水，略剪备用；泡发干纽扣香菇、豆干切小丁。图1

菠菜洗→烫→冰镇，最后切会比较方便。

内馅

2　炒锅加入色拉油、麻油烧热，加入纽扣香菇、中姜炒香，加入豆干拌匀。图2~3

3　加入香菇素蚝油炒至酱香味出来，加入半碗水（配方外）、盐、糖、五香粉、白胡椒粉煮开，加入太白粉水（配方外）勾芡收汁，盛盘放凉。图4~5

① 因为之后要拌入菠菜与粉丝，所以油量会比较多，粉丝会吸油水，菠菜则需要油脂中和涩感。

② 太白粉：水=1：2预先调匀，不可直接下太白粉勾芡，会结块。

4　做法3冷却后拌入菠菜、粉丝，完成素元宝内馅，放入冰箱冷藏（调整软硬度）比较好包。图6

包馅

5　大绿皮中心抹入45克素元宝内馅，对折合起。图7~8

6　一端抹水，食指戳入馅料中心制造凹陷，顺势对折头尾相叠，压一下，再把相叠处折起。图9~13

熟制

7 喷水，送入预热好的蒸笼，中火蒸6~8分钟完成。图14

素食可用。

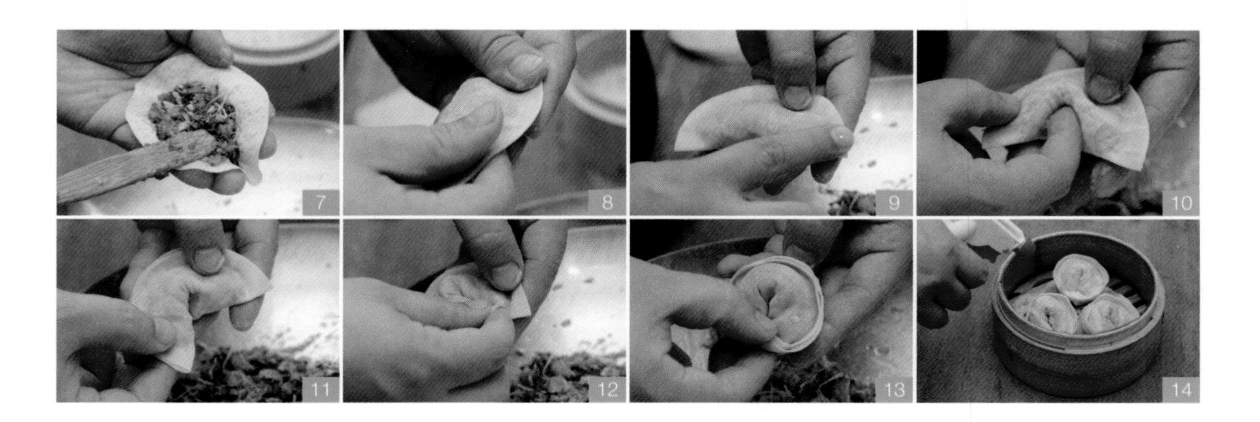

百花如意卷

材料

▼ 食材

冬瓜圈（15厘米高）	1块
芦笋	1小把
新鲜香菇	6朵
黄栌瓜	1条
胡萝卜	50克
紫山药	50克
素火腿	50克

▼ 调味料

玉米粉水	1大匙
盐	1小匙
糖	2小匙
薄盐酱油	1小匙
白胡椒粉	适量
麻油	适量

做法

备料

1 胡萝卜去皮切长条；芦笋去除根部粗纤维切段；黄栌瓜去头尾切长条（不使用籽瓤部分）；新鲜香菇切片；素火腿切条；紫山药去皮泡水（比较不会产生黏液），切长条。图1~5

① 食材切条之前先测量冬瓜片宽度，根据冬瓜片宽度切食材。切好一个后可以此为依据，切其他食材时用来比对大小。图1

② 条状食材之后会用冬瓜薄片包覆，因此食材的刀工需一致，成品才会好看。

③ 食材处理都是先切片，再切段，有些食材如胡萝卜、黄栌瓜需先去头尾，胡萝卜要另外去皮，新鲜香菇则可直接切条。

2 准备一锅沸水，将上述六种食材汆烫至熟。

3 冬瓜洗净去皮，确认要切的部位取长块，片出长薄片。图6~8

4 撒上少许盐（配方外）抹匀，腌15分钟让冬瓜片变软，软的程度是可以用手凹压出S形。图9~10

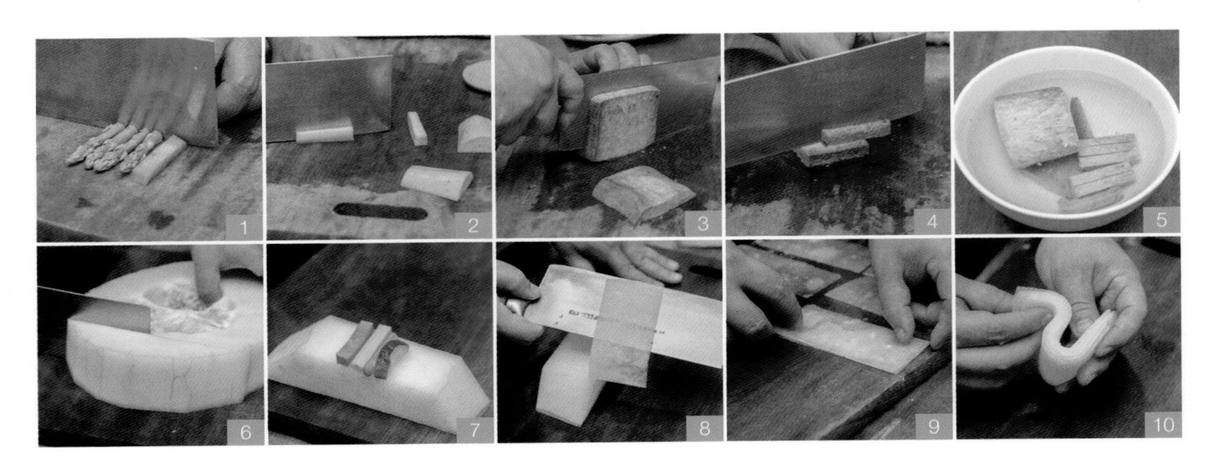

5 走水5分钟，沥干，用厨房纸巾压干水分。图11~12

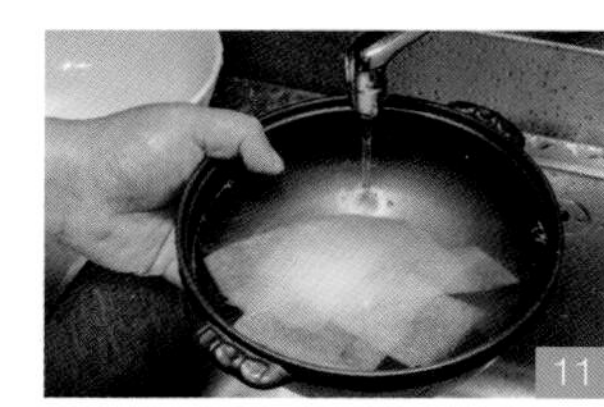

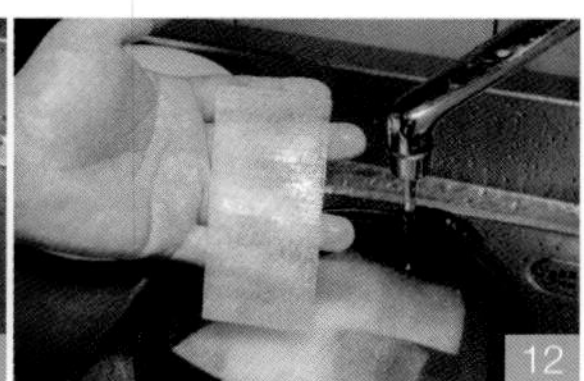

包馅熟制

6 冬瓜薄片铺底，撒适量太白粉（撒粉才粘得住），放上六种长条状食材，送入预热好的蒸笼，中火蒸约6分钟。图13~16

7 炒锅热油，加入盐、糖、薄盐酱油、白胡椒粉一同煮匀，以适量玉米粉水煮匀，最后淋入麻油点香，起锅，淋少许在蒸好的百花如意卷上，让如意卷带有光泽感。

① 玉米粉：水=1：3预先调匀，不可直接下玉米粉勾芡，会结块。

② 素食可用。

锦绣海棠果

材料

▼ 内馅

江南才子烧卖馅（P.8~9）	200克
胡萝卜	20克
雪白菇	20克
鸿喜菇	20克
水煮鹌鹑蛋	10颗
海芦笋	20克
新鲜木耳	20克

▼ 调味料

白胡椒粉	1小匙
胡麻油	1小匙

▼ 外皮

御新腐皮	10张

做法

内馅

1 胡萝卜、海芦笋切小颗粒；雪白菇、鸿喜菇洗净，剪小朵使用，稍微烫过。图1~3

挑选这两种菇类需选底部干净，外观挺拔（不会软），无水气及过重菇味的才好。

2 腐皮切正方形；新鲜木耳切碎，与海芦笋一起稍微烫过；水煮鹌鹑蛋一开为二。图4~5

3 胡萝卜、雪白菇、鸿喜菇、海芦笋、新鲜木耳拌入江南才子烧卖馅，加入白胡椒粉拌匀，加入胡麻油拌匀点香，完成海棠果内馅。图6~7

海芦笋、雪白菇、鸿喜菇可留部分不切，包馅时使用，增加口感与造型。

包馅

4 腐皮放上鹌鹑蛋、海芦笋、雪白菇、鸿喜菇，依序放入所有材料。图8

放鹌鹑蛋的时候位置朝外，这样蒸好后透明的皮会透出鹌鹑蛋造型。

5 中心抹上30克江南才子烧卖馅，放入另一手虎口中，压入内馅捏制成形。图9~12

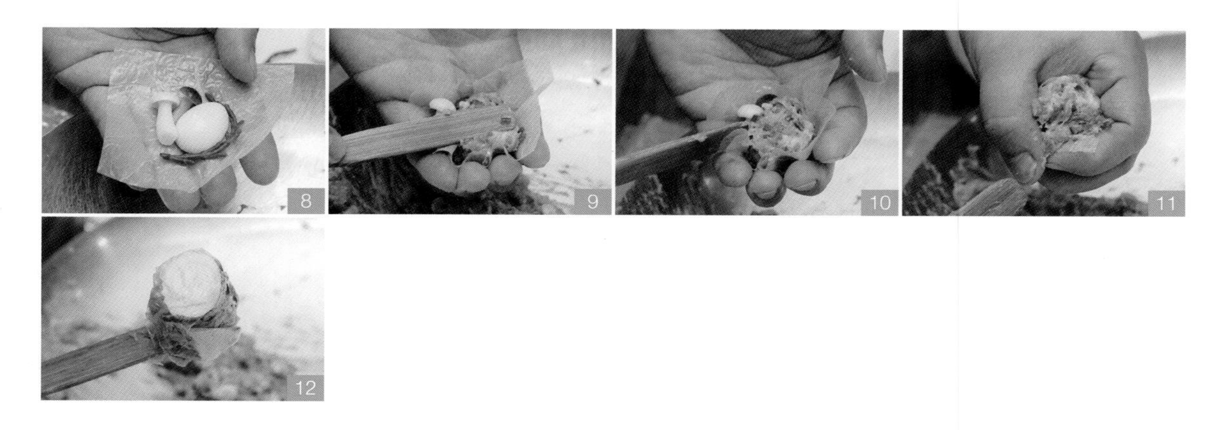

熟制

6 送入预热好的蒸笼，中火蒸8~12分钟。

缤纷水晶鱼粉粿

材料

▼ 内馅

白带鱼鱼蓉	200克
白虾泥	160克
海藻	30克
杏鲍菇	40克
胡萝卜	20克
珊瑚菇	40克
鲍鱼菇	40克
笋粒	50克
姜末	10克
香菜	10克

▼ 水晶皮烫面

澄粉（澄面）	100克
太白粉（A）	10克
开水	100克
太白粉（B）	90克

▼ 调味料

盐	1小匙
细砂糖	1小匙
白胡椒粉	1小匙
鲜汤	1匙
麻油	1匙

做法

内馅

1 胡萝卜洗净去皮切成小丁；杏鲍菇洗净切成小丁；珊瑚菇、鲍鱼菇切小丁状。

2 准备一锅开水，氽烫海藻，捞起洗净沥干。

3 不锈钢盆加入内馅所有材料拌匀，摔打搅拌起浆，拌至有黏性，加入调味料拌匀。图1~2

1

2

水晶皮烫面

4 不锈钢盆加入澄粉、太白粉（A）、开水，用擀面棍迅速拌匀。

5 加入太白粉（B）揉匀（这处的太白粉是生粉），搓揉至表面光滑不黏手（软硬度类似耳垂），搓成长条形。图3~6

3

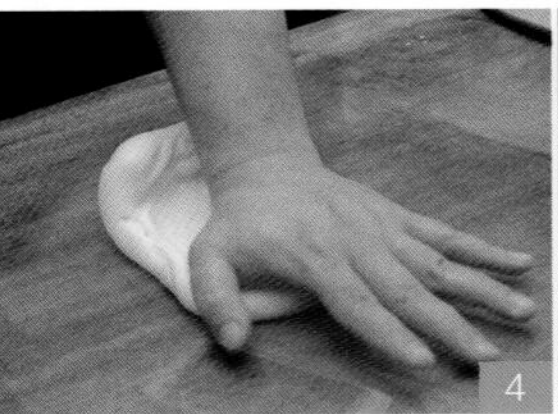
4

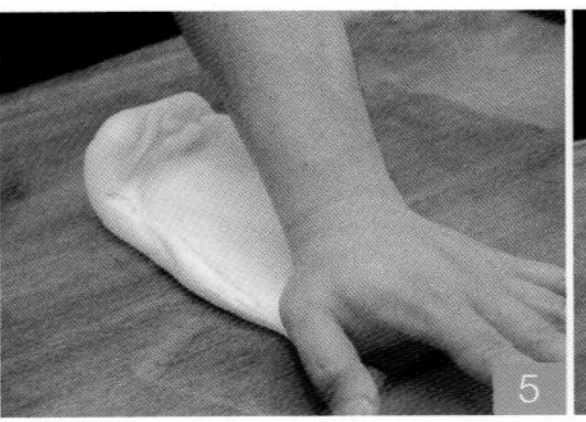
5

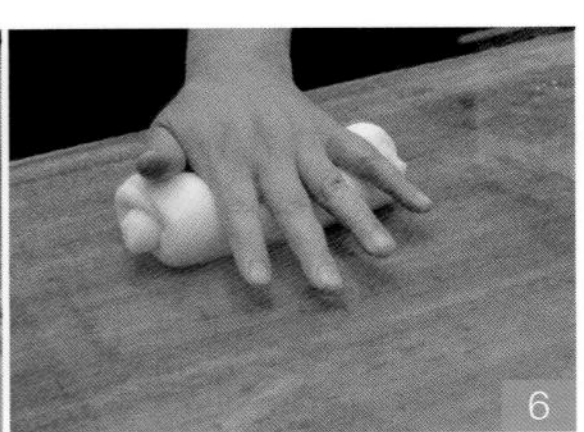
6

分割包馅

6 用切面刀分割15克/份，滚圆，稍稍压平，擀面棍开成圆片，圆片需厚薄一致，否则中间不会透。图7~9

多的皮撒粉，用袋子妥善包好，冷冻备用。

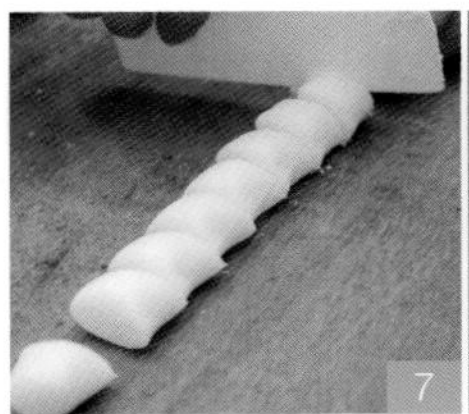
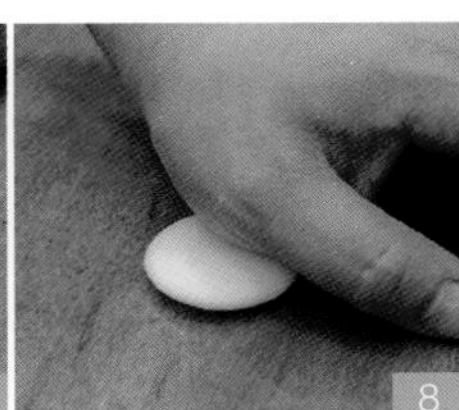
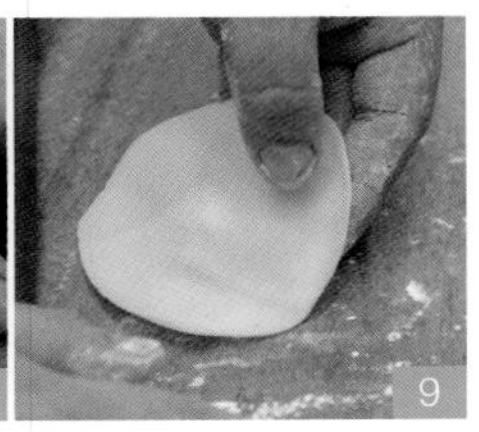

包馅熟制

7 中心抹入30克内馅，折起收口，送入预热好的蒸笼，用中火蒸8~10分钟。图10~15

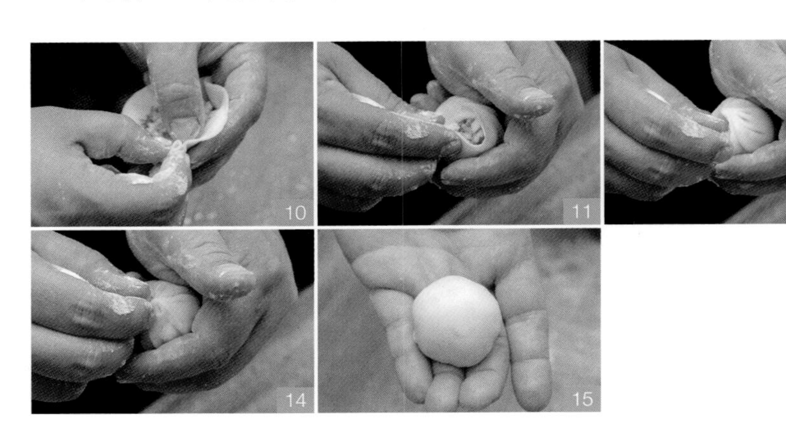

松子马拉糕

材料

▼ 马拉糕材料

鸡蛋	200克
细砂糖	150克
低筋面粉	200克
奶粉	40克
吉士粉	30克
泡打粉	10克
三花淡奶	120毫升
蒸化无盐奶油	120克
葡萄干	30克
炸熟松子	60克

做法

1 如何炸熟生松子？色拉油加热至120~140℃，下生松子，筛网反复捞起油炸（因为松子体积小，需反复捞起确认上色程度，否则容易上色过深），焐、炸至松子呈金褐色。图1~4

需以中油温焐熟，转大火炸至金褐色。
烤至呈金褐色也可以。

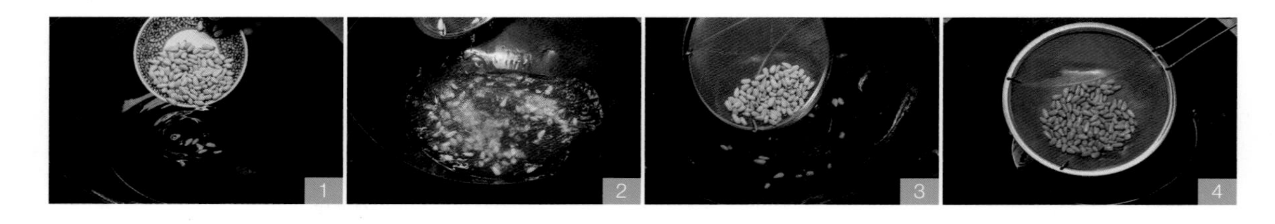

面糊

2 不锈钢盆加入鸡蛋、细砂糖，用搅拌器打至半发、糖溶化，出现细腻的泡泡，蛋糕口感会比较细腻。图5~7

3 加入过筛低筋面粉、过筛奶粉、过筛吉士粉、过筛泡打粉拌匀。图8~9

4 分次加入三花淡奶拌匀。图10

5 慢慢加入蒸化无盐奶油拌匀（避免油水分离），静置10分钟，让表面的泡泡少一点。图11

因为奶油熔点低容易焦掉，所以用蒸把奶油熔化，隔水加热或直火加热熔开也可以。

6 铝箔模内层抹些许奶油（或者在铝箔烤模中再放一个小纸模），撒上葡萄干、炸熟松子，倒入马拉糕面糊8~9分满。图12~13

铝箔模不好脱模，所以抹一些奶油辅助；不能直接用纸模烤，必须垫铝箔烤模，不然马拉糕面糊会摊开。

11

12

13

熟制

7 送入预热好的蒸笼，用中火蒸15~20分钟，蒸熟取出脱模。图14

用筷子戳入测试是否熟成，有粘黏表示未熟，没粘黏表示熟成。图15~16

14

15

16

花枝饼有煎芹

材料

▼ 内馅

市售花枝浆	300克
香菜	20克
西芹	60克
青葱	20克

▼ 调味料

鲜味露	1匙
白胡椒粉	少许
麻油	1大匙
糖	1小匙

▼ 外皮

御新大白皮	10张

做法

内馅

1 西芹洗净切除根部，削皮，用刀片压扁（压扁比较好切，味道也较易释放），切碎。

2 香菜洗净去除根部切碎；青葱洗净去除根部切葱花；以上食材全部放入容器。图1

3 加入市售花枝浆、鲜味露、糖、白胡椒粉拌匀，再加入麻油拌匀，完成花枝饼内馅，接着可以送入冰箱冷藏以调整馅的软硬度，太软不好包。图2~3

麻油不可太早拌入，太早拌材料会不扎实，油会破坏馅料的黏性。

包馅

4 御新大白皮中心抹上40克花枝饼内馅，放入另一手虎口中，压入馅料捏制成形（烧卖形状），开口朝下放在有洞的蒸笼纸上，压扁成圆饼状。图4~9

蒸笼纸一定要用有洞的，有洞的蒸汽才上得去，没有洞的中心不容易熟。

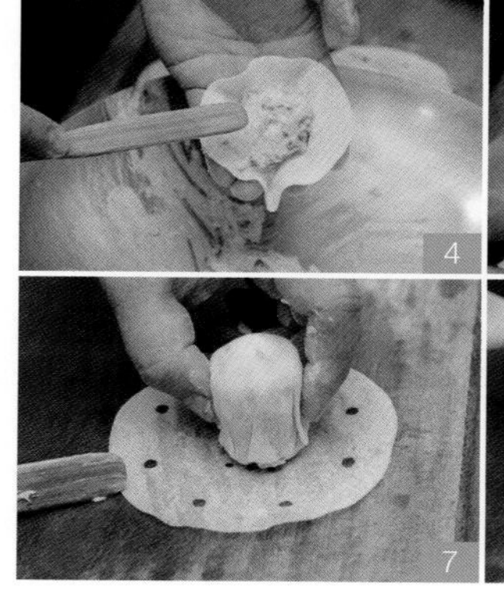
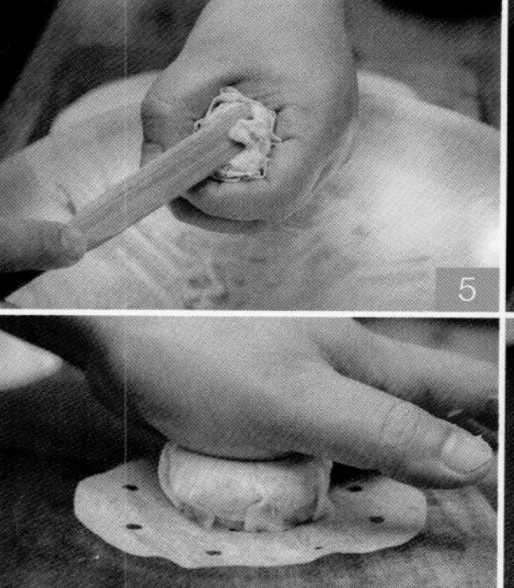

熟制

5 送入预热好的蒸笼，用中火蒸6~8分钟，取出放凉。图10~11

6 平底锅加入少许色拉油烧热，将其煎至两面金黄完成。图12

金芋满堂

材料

▼ 食材

芋头	600克
地瓜	40克
胡萝卜	40克
熟白芝麻	1大匙

▼ 调味料

在来米粉*	150克
玉米粉（或太白粉）	1大匙
盐	1小匙
糖	2小匙
白胡椒粉	适量
麻油	适量

* 在来米粉，即粘米粉。“在来”为台湾地区的叫法。

做法

内馅

1 芋头、地瓜、胡萝卜洗净去皮，切丝，放入容器，加入调味料拌匀。图1~3

2 容器先铺保鲜膜，放入一半拌好的食材 ，压紧实，喷水，再放入剩余的材料，压紧实，喷水。图4~7

因为有拌粉类，喷水能让材料更均匀附着，蒸完才会扎实。

3 撒熟白芝麻，注意撒了芝麻后就不可以压了，压了芝麻会都粘在手上。图8

熟制

4 送入预热好的蒸笼，中火蒸15~20分钟，蒸好后取出，表面铺上白色烘焙纸，以刮刀趁热再次压紧实，用中火再蒸5~10分钟，取出放凉，冷冻至变硬。图9

5 切块，炒锅热油用中火慢煎，煎至两面金黄，完成。图10~12

煎的时候油量稍多，容易翻动也不易散掉，两面均匀上色就可以了。素食可用。

香煎鸡丝肠粉

材料

▼ 食材		▼ 调味料	
鸡胸肉	200克	盐	1小匙
芹菜	30克	糖	1小匙
青葱	30克	白胡椒粉	适量
新鲜板条	2张	太白粉	1大匙
海鲜酱	1大匙	麻油	适量

做法

备料

1 鸡胸肉洗净切丝；芹菜洗净切碎；青葱洗净切葱花。

2 鸡胸肉加入盐、糖、白胡椒粉、太白粉拌匀，拌入麻油，冷藏备用。图1

包馅

3 摊开新鲜板条，放上芹菜、葱花、鸡胸肉丝，切面刀于中心切一刀。图2~4

4 以切面刀翻折，折成长条状。图5~9

板条一定要当天新鲜没冰过，才有弹性。

熟制

5 炒锅热油，接合处朝下，先把接合处煎至金黄定型，再煎至两面金黄，盛盘，搭配海鲜酱食用更有风味。图10~12

也可以先蒸熟，放凉；炒锅热油，接合处朝下，先把接合处煎至金黄定型，再煎至两面金黄。

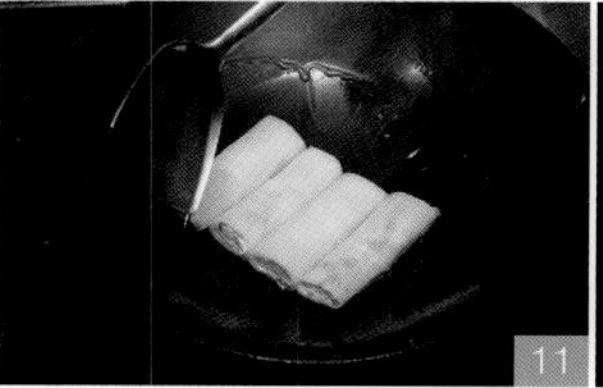

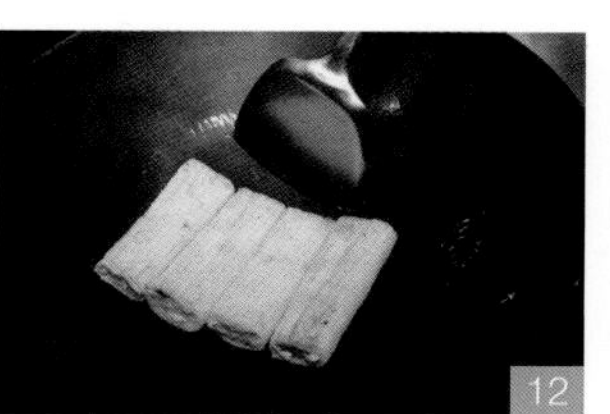

香葱鲜肉煎麻糬

材料

▼ 麻糬内馅

葱花	50克
姜末	30克
猪绞肉	220克
米酒	1匙
白胡椒粉	1匙
点心酱油	2匙

▼ 糯浆

糯米粉	125克
御新澄粉（澄面）	25克
开水	50毫升
冷水	65毫升
细砂糖	20克
猪油	25克

▼ 装饰

生黑芝麻	适量
生白芝麻	适量

做法

糯浆

1 不锈钢盆倒入澄粉、开水，先用工具拌匀（用手拌会烫到），加细砂糖拌匀，分两次加入糯米粉拌匀。图1~6

2 用手揉捏，倒入冷水拌匀调整柔软度，想吃口感弹一点水分就使用配方水量，想吃柔软一点可多加一点水，加入猪油拌均匀，冷藏调整软硬度。图7~12

糯浆调色：可以用红曲粉、抹茶粉、姜黄粉染色，色粉多面团颜色就深，反之则浅。色粉不会影响面团口感。

3 桌面撒适量手粉，糯浆面团用切面刀分割30克/份，滚圆。图13~14

麻糬内馅

4 所有材料（除了葱花）拌匀，摔打至有黏性，再加入葱花拌匀。图15

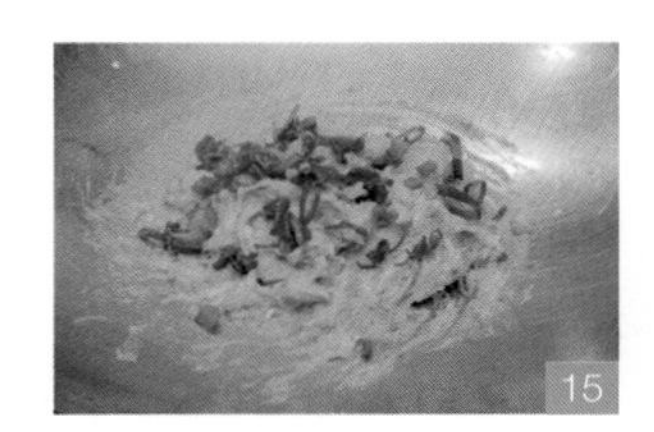

制作点心酱油：鲜味露1匙、淡酱油1匙、红糖2匙、水1碗一同煮开成酱汁。

包馅

5 轻轻拍开糯浆面团，中心抹上30克内馅折起，两指轻捏成饺子状，朝下放置。图16~28

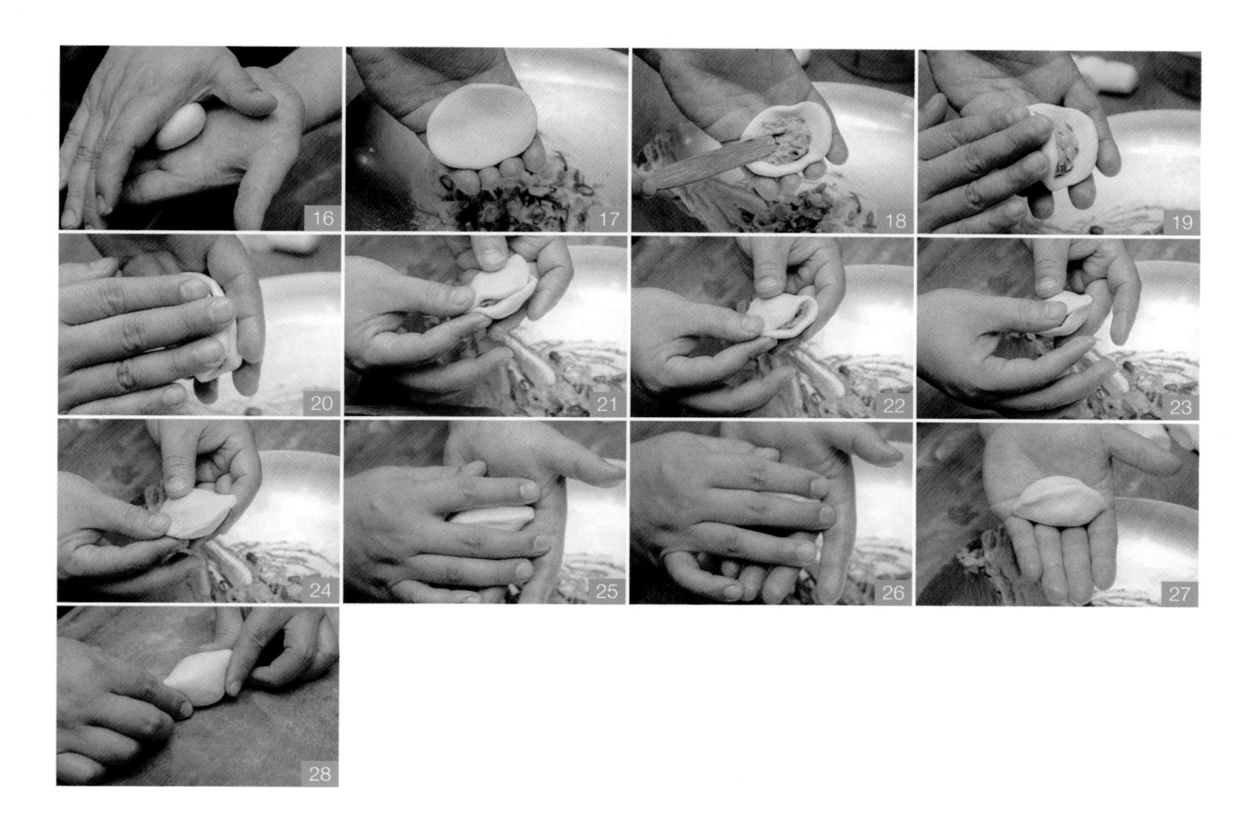

熟制

6 喷水，送入预热好的蒸笼，用中火蒸10分钟，蒸熟装饰黑白生芝麻。图29~30

7 平底锅加入少许色拉油烧热，下蒸好的麻糬，中大火煎至两面金黄。图31~32

煎酿彩椒红绿灯

材料

▼ 内馅

江南才子烧卖馅（P.8~9）	100克
剁碎豆豉	40克
老姜末	30克
蒜末	30克

▼ 调味料

薄盐酱油	1匙
蚝油	1匙
糖	2匙
水	100毫升
麻油	适量
白胡椒粉	适量
米酒	适量
鲜味露	1小匙

▼ 食物盅

水果红椒	1颗
水果黄椒	1颗
水果青椒	1颗

做法

1 水果彩椒去头尾（底部不要切太多，切刚好可让彩椒立住即可），用小刀把中心的籽瓤剃掉。图1~3

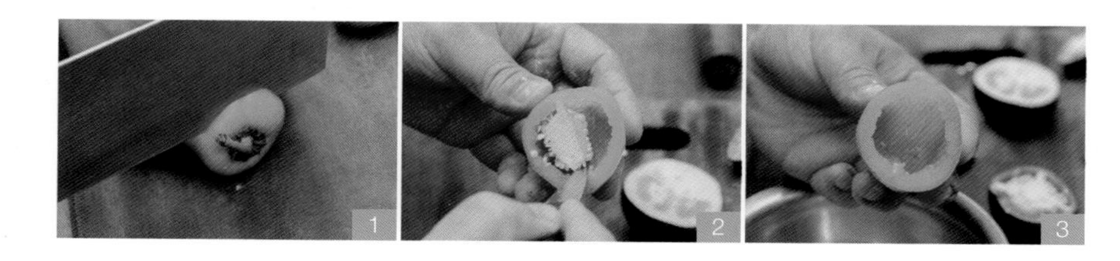

内馅

2 江南才子烧卖馅再度摔打起浆备用。图4

3 撒少许太白粉在水果彩椒内部，把内馅酿满彩椒内部。图5~6

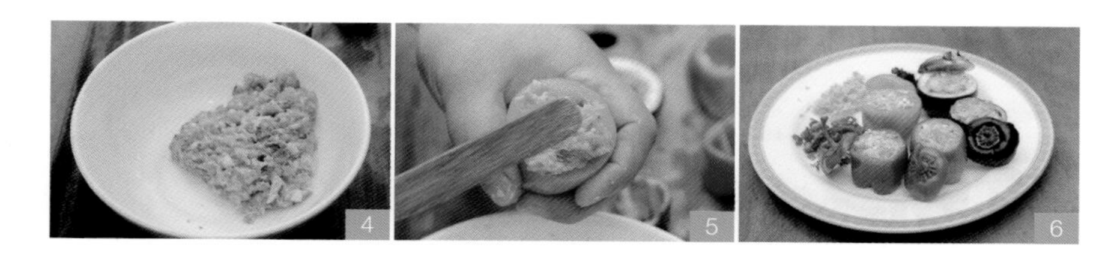

熟制

4 锅中加入适量色拉油烧热，以油温180℃反复将镶肉水果彩椒、蒂头浇淋过油，入蒸锅蒸八到十分熟，取出备用。图7~8

① 过油即是漏勺装着食材，用勺子将油捞起，反复淋上食材，主要用意是定色。

② 如果油温掌控不好也可以不要炸，先将水果彩椒煎香，再蒸熟即可。

5 炒锅热油，用中火爆香老姜末、蒜末，加入剁碎的豆豉炒匀。图9

一定要把豆豉霉味炒掉炒香，在海岛发酵的食材太潮湿容易有霉味。

6 加入调味料炒匀，用适量太白粉水（配方外）勾芡，浇上彩椒。图10~12

太白粉：水=1：3预先调匀，不可直接下太白粉勾芡，会结块。

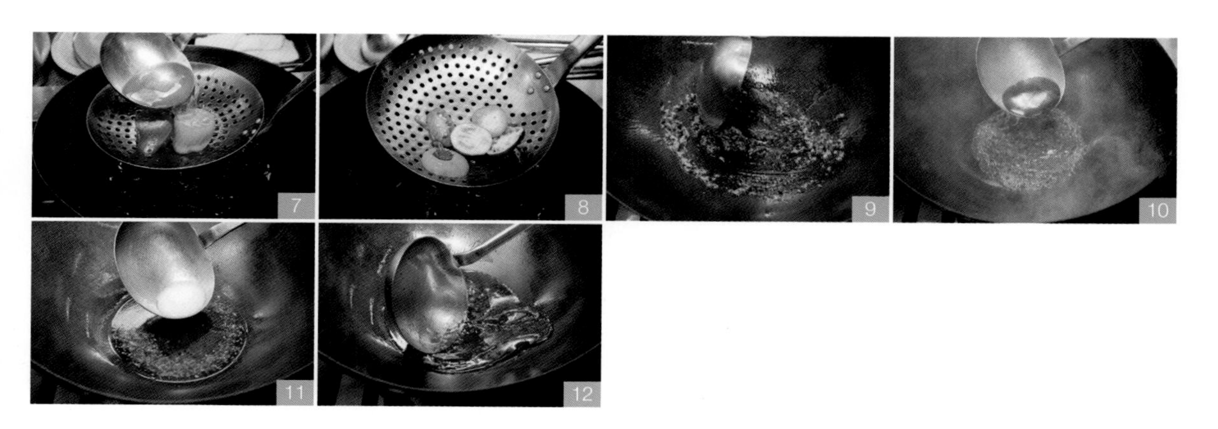

韭黄鲜虾虎皮卷

材料

▼ 内馅

现剥虾仁（虾泥，新鲜就可以，不限虾种）	200克
现剥虾仁（虾粒，新鲜就可以，不限虾种）	200克
马蹄	20克
蛋白	1颗
猪油粒	35克
香菜	10克
韭黄	40克

▼ 调味料

盐	1/2小匙
细砂糖	1小匙
上汤鸡粉	1小匙
胡麻油	1大匙
太白粉（或玉米粉）	1大匙
白胡椒粉	1小匙
鲜味露	1小匙

▼ 外皮

御新腐皮	12张

做法

备料

1 马蹄洗净切碎；香菜洗净去根切碎；韭黄洗净去根切小段。

2 现剥虾仁开背，去肠泥，依照配方秤重，处理成虾泥与虾粒。

内馅

3 不锈钢盆加入虾泥、蛋白拌匀，下盐、白胡椒粉、上汤鸡粉、太白粉，摔打至虾泥与蛋白结合，出现黏性起浆。图1

4 下虾粒增加口感，摔拌到黏性出来，拿起来不会掉下去。图2

5 加入细砂糖再次摔打搅拌起浆，加入猪油粒拌匀，再加入胡麻油拌匀，完成虾卷馅冷藏备用（调整软硬度）。图3

胡麻油不可太早拌入，太早拌材料会不扎实，因为油会破坏馅料的黏性。

6 包馅前将马蹄、香菜、韭黄与做法5虾卷馅拌匀备用。图4

1

2

3

4

包馅

7 低筋面粉（配方外）与适量水调成面糊；腐皮铺底，将虾卷馅放在腐皮中线下方，左右向中心往内折，由下往上卷，收口处抹上面糊，折起，收口朝下。图5~9

5

6

7

8

9

熟制

8 锅中加入色拉油加热，以油温170℃炸至虎皮金黄熟成。图10~12

① 腐皮卷炸之前不能受潮，受潮后炸制会变黑色；如果真的受潮了，可以先煎过再炸。

② 油炸时看到虎皮卷周围冒出细的泡泡，这代表内馅达到100℃，水分开始逼出，所以才会有这个现象。

③ 炸的小技巧，油炸时铲子不要翻动食材，而是沿着锅边，以画半圆形（或前推的方式）推动色拉油，帮助食材均匀受热。

10

11

12

罗汉上素虎皮卷

材料

▼ 内馅

原料	用量
马铃薯	200克
胡萝卜	30克
泡发黑木耳	30克
素火腿	75克
鸿喜菇	50克
雪白菇	50克
玉米笋	30克

▼ 调味料

原料	用量
鲜味露	1匙
素蚝油	2大匙
米酒	1大匙
白胡椒粉	1小匙
五香粉	1/2小匙
盐	1/2小匙
细砂糖	1匙
麻油	1匙

▼ 外皮

原料	用量
御新腐皮	12张

做法

备料

1 马铃薯、胡萝卜去头尾削皮切丝；黑木耳、素火腿洗净切丝；鸿喜菇、雪白菇去除根部洗净，分成小株备用；玉米笋洗净切斜长片，再切细长段。

2 准备一锅沸水，汆烫黑木耳、鸿喜菇、雪白菇、玉米笋，烫熟后捞起沥干。图1

1

内馅

3 炒锅热油，下胡萝卜、马铃薯炒香，加入素火腿、做法2汆烫食材炒匀。图2~3

4 加入适量水、素蚝油、米酒炒香，加入其他调味料煮滚，用适量玉米粉水（配方外）勾芡，盛入容器放凉备用。图4~5

① 玉米粉：水=1：2预先调匀，不可直接下玉米粉勾芡，会结块。

② 此处麻油不需最后下，因为有加玉米粉水勾芡，内馅的黏稠质感来自“勾芡”这个动作，故麻油先下也不会影响质地。

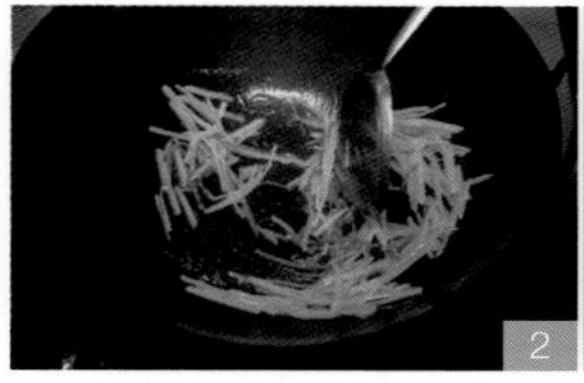
2

3

4

5

包馅

5 低筋面粉（配方外）加少许水调成面糊；腐皮铺底，将40克内馅放在腐皮中线下方，左右向中心往内折，由下往上卷，收口处抹上面糊，折起，收口朝下。图6~10

6

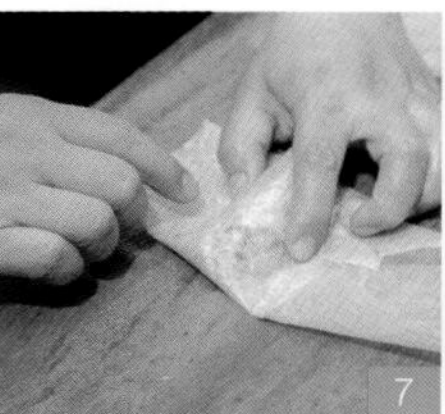
7

8

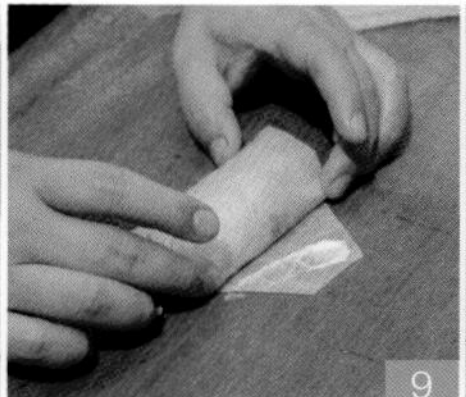
9

10

熟制

6 炒锅热油，转中火，收口朝下放入虎皮卷，煎至两面金黄完成。图11~12

① 油太多腐皮会吸油，太少则会煎不起来，油量适量就好。另外，因为腐皮很薄，上色会很快。内馅要适中不可以包太多。

② 素食可食用。

11

12

川蜀鲜辣春卷

材料

▼ 内馅

江南才子烧卖馅（P.8~9）	220克
杏鲍菇	80克
韭黄	80克
胡萝卜	10克
青葱	10克

▼ 调味料

点心酱油	少许
鲜辣汁	1匙
麻油	1匙

▼ 外皮

御新白方皮	10张

做法

备料

1 杏鲍菇洗净切丝；韭黄洗净去除根部，切小段；胡萝卜洗净去头尾，削皮切丝；青葱洗净切葱花。

内馅

2 江南才子烧卖馅再度摔打起浆，与做法1食材、点心酱油、鲜辣汁一同拌匀，最后加入麻油拌匀，完成春卷内馅。图1~3

① 麻油不可太早拌入，太早拌材料会不扎实，因为油会破坏馅料的黏性。

② 制作点心酱油详见P.32“香葱鲜肉煎麻糬”。

包馅

3 低筋面粉（配方外）加少许水调成面糊；御新白方皮铺底，将虾馅放在下缘1/4处，左右对折。图4~5

4 再由下往上折起，于接合处抹上适量面糊水，折起收口。图6~9

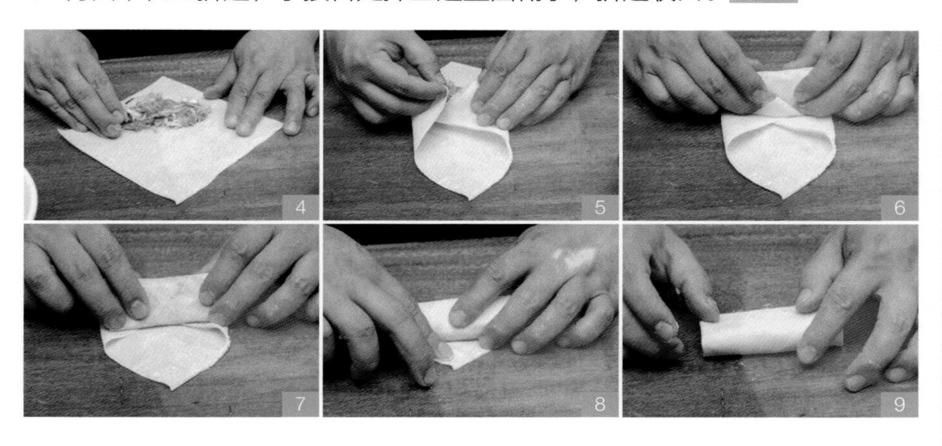

熟制

5 锅里加入适量色拉油，烧卖坯放入170~180 ℃油中（不能用太高温油炸，要让材料泡熟），锅铲在色拉油边缘画“C”，用这个方式翻炸食材，炸至金黄酥脆完成。图10~12

油炸绞肉会比较快炸熟（因为绞肉状态细致），肉丝、肉条会比较慢。

明虾韭菜响铃

材料

▼ 内馅

五花肉（绞成泥）	120克
虾仁	180克
小韭菜	60克

▼ 调味料

太白粉	1匙
盐	1/2小匙
糖	1大匙
白胡椒粉	1大匙
上汤鸡粉	1小匙
胡麻油	1大匙

▼ 其他

御新黄方春卷皮	10片

做法

备料

1 小韭菜洗净切粒；虾仁开背剔除肠泥，略拍后稍微切碎。

内馅

2 不锈钢盆加入五花肉（绞成泥）、虾仁、小韭菜，摔打起浆。图1

3 加入太白粉、盐、白胡椒粉、上汤鸡粉摔打搅拌起浆，加入糖再次摔打搅拌起浆，加入胡麻油拌匀，妥善封好冷藏备用。图2

① 冷藏调整内馅软硬度，太软会不好包。

② 胡麻油不可太早拌入，太早拌材料会不扎实，因为油会破坏馅料的黏性。

包馅

4 低筋面粉（配方外）加少许水调成面糊；御新黄方春卷皮铺底，中心抹入35克内馅，三个角抹上面糊，对折。图3~5

5 中心用手指压一下，制作一个凹槽，两端尖角抹上面糊，相叠两个角。图6~9

6 锅里加入适量色拉油，加热至170~180℃，放入春卷炸至金黄酥脆、熟成。图10~12

① 一开始油温不可太高，炸春卷皮油温太高上色会太快内馅却没熟，并且炸太快食材不会慢慢舒展，外观不好看。

② 油炸时看到食材卷周围冒出细的泡泡，这代表内馅达到100℃，水分开始逼出，所以才会有这个现象。

③ 炸的小技巧，油炸时铲子不要翻动食材，而是沿着锅边，以画半圆形（或前推的方式）推动色拉油，帮助食材均匀受热。

家乡红曲咸水角

材料

▼ 麻糬基底肉馅

青葱	20克
中姜末	10克
猪绞肉	200克
萝卜干	30克
泡发干香菇	30克
樱花虾	30克

▼ 麻糬调味料

点心酱油	2小匙
糖	1匙
米酒	1匙
白胡椒粉	1匙
五香粉	1小匙

▼ 糯浆

糯米粉	125克
御新澄粉（澄面）	25克
热水	50毫升
冷水	65毫升
细砂糖	20克
猪油	25克
红曲粉	5克
紫薯粉	5克

做法

糯浆

1 详见香葱鲜肉煎麻糬做法1~2制作，面团一分为二，分别与紫薯粉、红曲粉揉匀染色。

2 桌面撒适量手粉，糯浆面团用切面刀分割成30克/个，滚圆。图1~2

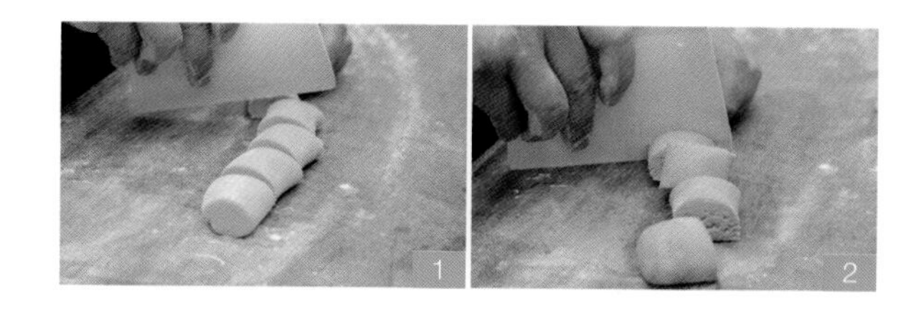

备料

3 青葱洗净切葱花；泡发干香菇切碎。

内馅

4 炒锅热油，加入香菇碎、中姜末炒香，再下樱花虾、菜脯爆香，盛起。图3

5 麻糬调味料与麻糬基底肉馅所有材料（除了葱花）拌匀，捽打至有黏性，包馅前再加入葱花拌匀。图4

详见P.32“香葱鲜肉煎麻糬”制作点心酱油。

包馅

6 轻轻拍开糯浆面团，中心抹上30克内馅，合起，两指轻捏成饺子状，朝下放置。图5~9

7 锅里加入适量色拉油烧热，以160~170℃放入食材油炸，炸至表面金黄浮起，确认熟成捞起沥干。图10~12

① 一开始油温不可太高，油温太高上色会太快，内馅却没熟。中油温下锅泡熟，大火上色起锅。

② 炸的小技巧，油炸时铲子不要翻动食材，而是沿着锅边，以画半圆形（或前推的方式）推动色拉油，帮助食材均匀受热。

奶皇芝麻球

材料

▼ 糯浆

糯米粉	500克
御新澄粉（澄面）	100克
热水	200毫升
水	250毫升
细砂糖	80克
猪油	100克

▼ 其他

抹茶粉（调色用）	适量
御新豆沙馅	1颗25克
御新奶皇馅	1颗25克
生白芝麻	适量

做法

糯浆

1 详见P.32“香葱鲜肉煎麻糬”做法1~2制作，面团一分为二，取一团与抹茶粉揉匀染色。

2 桌面撒适量手粉，糯浆面团用切面刀分割为35克/个，滚圆；豆沙馅、奶皇馅分割为25克/个，滚圆。

包馅

3 轻轻拍开糯浆面团，中心放上内馅，用虎口把糯浆面团朝上推，捏制成圆球状。图1~5

4 整颗喷水，丢入装满生白芝麻的容器中，摇晃容器、沾满生白芝麻，确认整颗都裹满生白芝麻后，轻揉成圆形。图6~7

① 注意不能用熟芝麻，用熟的炸了会掉。

② 如果想多一点颜色变化，可以适度加一些生黑芝麻，注意别加太多。图8

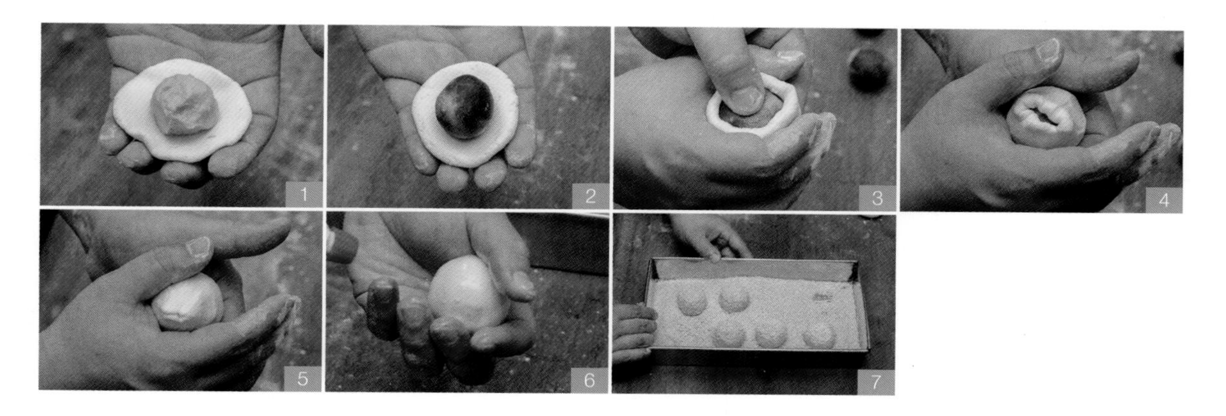

熟制

5 锅里加入适量色拉油热锅，待油温升至160℃下芝麻球炸制，待芝麻球浮起，转大火逼油，炸至金黄熟成。图9~12

① 一开始油温不可太高，油温太高白芝麻上色会太快，内馅却没熟。

② 炸的小技巧，油炸时铲子不要翻动食材，而是沿着锅边，以画半圆形（或前推的方式）推动色拉油，帮助食材均匀受热。

③ 芝麻球比较重，一开始炸的时候会沉底，即将熟成才会浮出油面一点点（材料太重，就算熟了也无法完全浮起）。

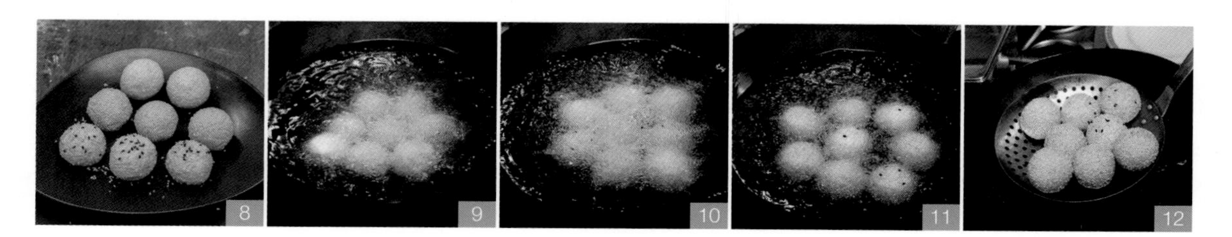

酥炸凤城云吞

材料

▼ 内馅

去皮五花肉（绞细目）	80克
新鲜黑木耳	20克
樱花虾	30克
马蹄	30克

▼ 调味料

太白粉	1匙
盐	1/2小匙
糖	1/2小匙
白胡椒粉	1小匙
鲜鸡汁	1匙
麻油	1匙

▼ 外皮

御新港式云吞皮	8片

做法

备料

1 新鲜黑木耳洗净切粒；马蹄洗净切粒。

内馅

2 热锅，干锅下樱花虾，中火快速炒香，炒至樱花虾转白，盛起备用。图1

3 不锈钢盆放入去皮五花肉（绞细目）、新鲜黑木耳、樱花虾、马蹄拌匀。

4 加入调味料（除了麻油）摔打搅拌起浆，加入麻油拌匀，妥善封起冷藏备用。图2

① 麻油不可太早拌入，太早拌材料会不扎实，因为油会破坏馅料的黏性。

② 冷藏调整软硬度，太软不好包。

包馅

5 港式云吞皮中心抹上20克内馅，轻轻合起，包馅匙由对角线前推，拇指轻压固定，抽出包馅匙。图3~9

熟制

6 锅里加入适量色拉油热油，加热至170℃，下云吞油炸，炸至云吞浮起，皮开始收折上色（皮表面会冒出小泡泡），确认内馅熟了转大火逼油，炸至金黄酥脆完成，捞起沥干。图10~12

① 油温一开始不能太高，使用的猪肉是细目颗粒的，先让它泡熟。

② 炸的时候会有大泡泡，这就是内馅的肉汁漏出，水碰到高温油被炸干。

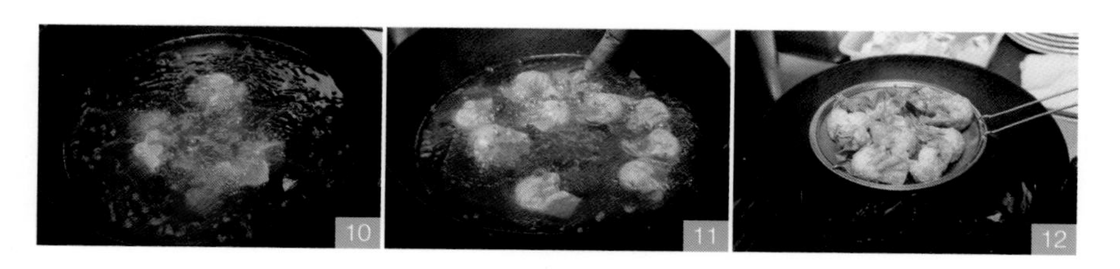

黑金芝麻炸虾筒

材料

▼ 食材

韭黄鲜虾虎皮卷馅（P.38）	200克
熟黑芝麻粉	20克
香菜	10克
西芹	20克
鸡蛋	3颗

▼ 调味料

胡麻油（或麻油）	适量

▼ 其他

御新威化纸	20张
生杏仁角	适量

做法

备料

1 香菜洗净去根切碎；西芹洗净去根，择去叶子，取茎部切碎。

内馅

2 韭黄鲜虾虎皮卷馅重新摔打起浆，与熟黑芝麻粉、香菜、西芹拌匀，加入胡麻油（或麻油）拌匀，完成虾筒馅。图1

包馅

3 鸡蛋洗净取两颗蛋黄、一颗全蛋打匀，完成粘着用蛋液（如果没有材料，可以改用水，只是水会比较稀）。

4 用两张威化纸铺底（用一张太薄，吸油会吸得太厉害），将虾馅放在下缘1/4处，左右对折后，由下往上折起，在接合处刷上做法3蛋液，收口折起。图2~7

5 刷上做法3蛋液，均匀裹上生杏仁角，再撒一次生杏仁角，轻轻抖掉。图8~9

蛋液上厚不会粘住杏仁角，反而会掉，刷薄薄的粘裹附着力才好。

熟制

6 锅里加入适量色拉油，加热至油温160~170℃，放入虾筒炸至金黄熟成。图10~12

① 油温一开始不能太高，先把内馅泡熟。

② 炸的小技巧，油炸时铲子不要翻动食材，而是沿着锅边，以画半圆形（或前推的方式）推动色拉油，帮助食材均匀受热。

葡国咖喱鸡粒脆角

材料

▼ 内馅

胡萝卜丁	20 克
新鲜香菇丁	2朵
彩色洋芋丁	3颗
姜黄末	10克
洋葱丁	50 克
西芹丁	30克
火腿丁	20克
鸡胸肉丁	200克

▼ 调味料（A）

港式油咖喱	1匙
咖喱粉	1匙
盐	1小匙
糖	1大匙
鲜鸡汁	1大匙
椰浆	1大匙
白胡椒粉	1小匙
麻油	少许
三花淡奶	100毫升

▼ 外皮

御新白方皮 （港式点心用白方皮）	12张

▼ 调味料（B）

奶油	100克
低筋面粉	100克

做法

内馅

1 准备一锅开水，汆烫鸡胸肉丁，捞起沥干。

2 炒锅热油，加入彩色洋芋丁、新鲜香菇丁、姜黄末，中火炒香炒软，炒到洋芋丁边缘微微上色。图1

3 加入胡萝卜丁、洋葱丁，继续用中火炒至洋葱转白色边缘微焦，出现焦化作用。图2

4 加入鸡胸肉丁、火腿、西芹丁拌炒均匀，加入所有调味料（A）煮匀，煮开后关火。图3~4

5 另取锅，加入奶油煮匀，低筋面粉加入80克三花淡奶（配方外）调成面糊，下适量入锅收汁至浓稠，呈稍浓的浓度即可，盛起放凉。图5~6

包馅

6 御新白方皮抹面糊，对折成三角形，底部一侧抹上面糊，中心抹入内馅。图7~8

7 食指在中心定位，取一端朝另一侧折起，把两端尖角朝内收折。图9~14

8 完成如图15，前沿抹上面糊，合起成三角形。图15~18

熟制

9 锅里加入适量色拉油加热，至150℃放入葡国咖喱鸡粒脆角，关火泡约3分钟，开火炸至上色。图19~20

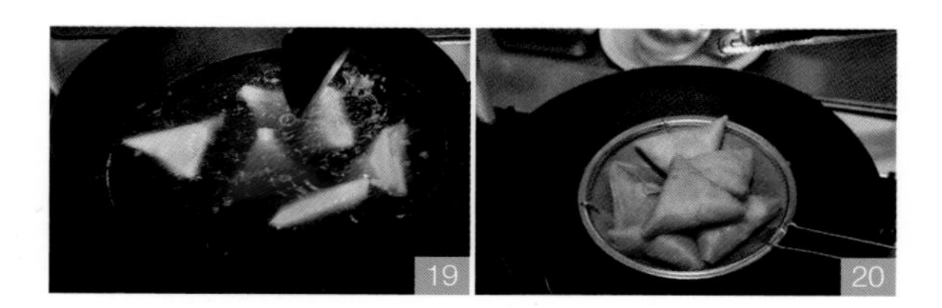

墨鱼花卷

材料

▼ 内馅

市售花枝浆	200克
胡萝卜	20克
新鲜香菇	3朵
洋菇	3朵
芹菜	40克
香菜	20克

▼ 调味料

白胡椒粉	1小匙
鲜汤	1小匙
麻油	1大匙

▼ 外皮

御新春卷皮	10片

买不到春卷皮也可用润饼皮，使用前先修成正方形。

做法

备料

1 胡萝卜洗净削皮切小粒；新鲜香菇洗净剪去蒂头，切小粒；洋菇洗净切小粒；芹菜、香菜洗净切除根部切碎。

内馅

2 做法1食材、市售花枝浆全部放入容器中摔打起浆，加入白胡椒粉、鲜汤拌匀，加入麻油拌匀，妥善封好放入冷藏，墨鱼馅完成。图1~3

① 冷藏调整内馅软硬度，太软不好包。
② 墨鱼是香港的说法，台湾称花枝。

1

2

3

包馅造型1

3 春卷皮叠起，于外侧切一半长度，间隔0.5厘米切一刀（也可以用剪刀剪）。图4
4 春卷皮铺底折起，抹上面糊，放上30克内馅，卷起。图5~10

低筋面粉：水=1：1预先调匀，用面糊后续炸才粘得住，否则会散开。

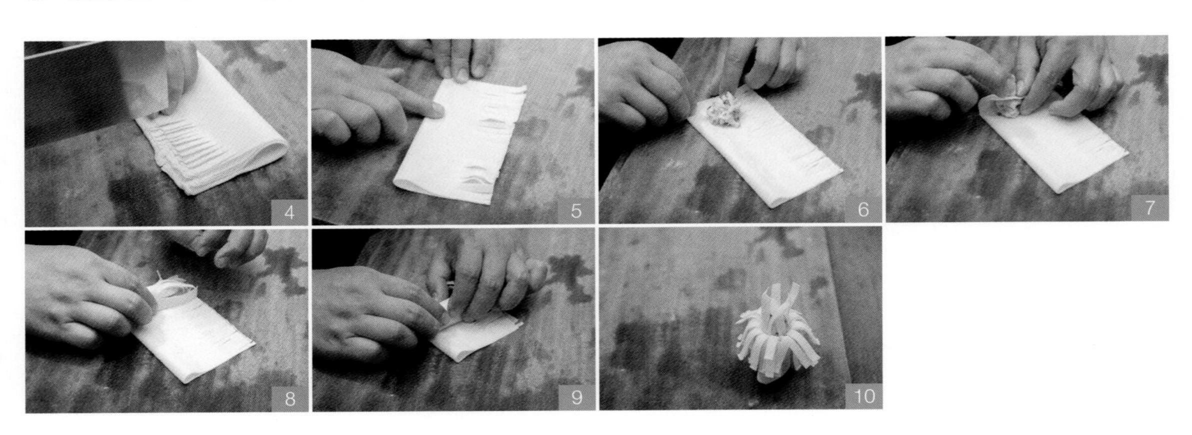
4 5 6 7 8 9 10

包馅造型2

5 春卷皮叠起，在内侧切一半长度，间隔0.5厘米切一刀（也可以用剪刀剪）。图11

6 春卷皮铺底折起（尖角稍微错开，不可工整折起，工整折起炸出来不好看）。

7 抹上面糊（水：低筋面粉=1：1），放上30克内馅，卷起。

8 包馅好的两种造型，底部粘生白芝麻（配方外）封起。图12

底部用生白芝麻封起，避免油炸时吃油过多。

熟制

9 锅里加入适量色拉油，加热至170℃，手捉住底部头朝下炸至微定型，接着改用夹子，整颗倒转放入，炸至熟成金黄。图13~15

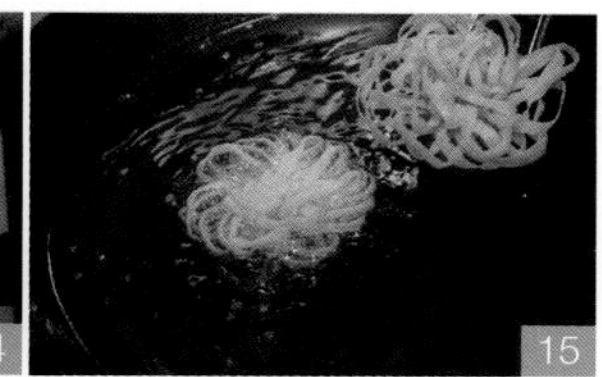

芝士焗烤娃娃菜

材料

▼ 食材

娃娃菜	5颗
烟熏鲑鱼	3片
火腿	2片
新鲜香菇	3朵
洋葱	半颗

▼ 调味料

盐	1小匙
细砂糖	2小匙
白胡椒粉	少许
全脂牛奶	100毫升
上汤鸡粉	1匙
烫娃娃菜水	50毫升

▼ 勾芡

低筋面粉	100克
全脂牛奶	100毫升

▼ 其他

无盐奶油	20克
芝士粉	30克
芝士丝	30克

做法

备料

1 娃娃菜对剖洗净；新鲜香菇洗净切片；烟熏鲑鱼、火腿切小丁片；洋葱切小丁。

2 准备一锅热水，汆烫娃娃菜，捞起沥干；低筋面粉加全脂牛奶调匀备用（用来勾芡）。图1

熟制

3 炒锅热油，爆香新鲜香菇，加入烟熏鲑鱼炒至上色金黄。图2~3

4 下洋葱小火炒香，炒至洋葱微软关火（这边如果不关火，洋葱很快会焦掉），加入火腿拌炒均匀。图4

5 加入无盐奶油炒匀，下调味料与所有材料煮匀，下面粉鲜奶勾芡，盛入碗中。图5~8

6 加入芝士粉拌匀，盛入娃娃菜表面，撒上芝士丝。图9~12

7 送入预热好的烤箱，以上火300 ℃烤至表面金黄，完成。

用面粉勾芡会比较浓，跟太白粉是不同的，因为面粉的吸水力很强。

咸甜糖不甩

材料

▼ 炒花生粉

花生粉	50克
椰子粉	20克
生白芝麻	10克
糖粉	50克
红糖	25克

▼ 糯浆面团

糯米粉	250克
御新澄粉（澄面）	50克
热水	100毫升
水	125毫升
细砂糖	40克
猪油	50克

▼ 糖水

水	1000毫升
冬瓜糖	1片
红糖	300克
陈皮	1/2片
老姜	1块

▼ 调味料

鱼松（肉松）	适量
香松	适量
海苔丝	适量

做法

糖水

1 老姜洗净切片；锅里加入水、冬瓜糖、红糖、陈皮、老姜片，中大火煮开，煮开后关火，浸泡30分钟。图1~4

炒花生粉

2 干锅加入椰子粉、生白芝麻、糖粉、红糖，用中小火炒至椰子粉变色金黄，加入花生粉炒匀，盛起。图5~6

糯浆面团

3 参考P.32香葱鲜肉煎麻糬做法1~2制作糯浆面团，分割20克/个，搓圆。图7~8

4 准备一锅开水，放入面团煮至浮起，煮的期间要不时拌一下，避免材料粘底，煮熟面团。图9

5 将面团加入做法1糖水中，烧煮8~10分钟，关火焖3分钟，捞起盛盘。图10~12

6 撒上做法2炒花生粉，撒上鱼松、香松、海苔丝，完成。

Part 2

轻食午茶时光

清炒鲜辣汁嫩鸡螺旋面

材料

▼ 食材

材料	用量
螺旋面	200克
鸡胸肉条	80克
美国芦笋	60克
松本茸	50克
蒜碎	10克
葱末	10克
红葱头碎	10克
干辣椒	10克
红辣椒片	10克

▼ 调味料

调味料	用量
鲜辣汁	1大匙
米酒	1大匙
饮用水	100毫升
上汤鸡粉	1小匙
白胡椒粉	1小匙
糖	1小匙

做法

备料

1 美国芦笋洗净，削掉粗纤维切段；松本茸洗净切半；葱珠分出葱白、葱绿；备妥所有食材。图1~2

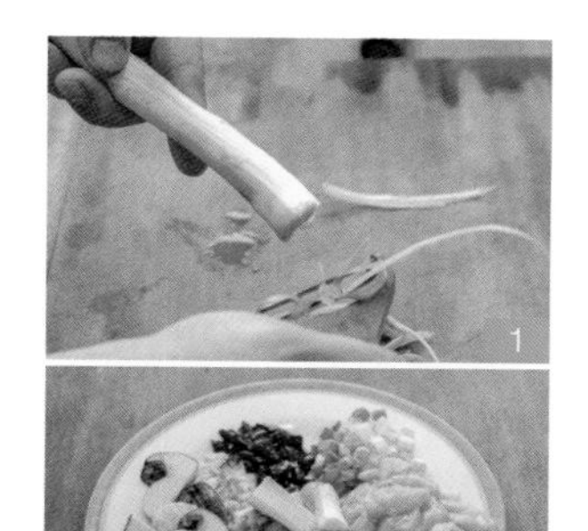

2 准备一锅开水，放入1大匙盐（配方外）、少许油（配方外）、螺旋面，中火煮8分钟。

① 使用橄榄油或色拉油都可以，一般烫西式面点可以用橄榄油。

② 加盐是希望面条带一些咸味；加油是为了防止粘连。

3 确认熟了捞起沥干，放入冰块水中快速冰镇，再次捞起沥干，备用。

冰镇可让面条快速降温，面条不会烂掉，反而能呈现弹性。

熟制

4 炒锅烧热，下少许色拉油（配方外），用中火爆香红葱头、蒜碎、葱白珠，慢慢爆至材料香气散发，蒜碎上色。图3

大火爆香材料虽然上色快速，香气会稍嫌不足。

5 加入美国芦笋、松本茸中火快炒，炒到松本茸上色、释出香气。图4

6 沿着锅边倒入米酒炝锅，入约100毫升饮用水炒匀，关火，下其他调味料、鸡胸肉条，炒至鸡肉成六七分熟。图5~8

没有勾芡看起来却有浓稠感，是因为煨煮后，意大利面的“淀粉”与菇类的“多糖体”释放的关系。

7 关火，加入螺旋面炒匀，炒至酱料巴上螺旋面，收汁。图9~11

可以试吃一下，味道不够再补一点鲜辣汁。图10

8 加入葱绿末、干辣椒、红辣椒片炒匀点缀颜色，完成。图12

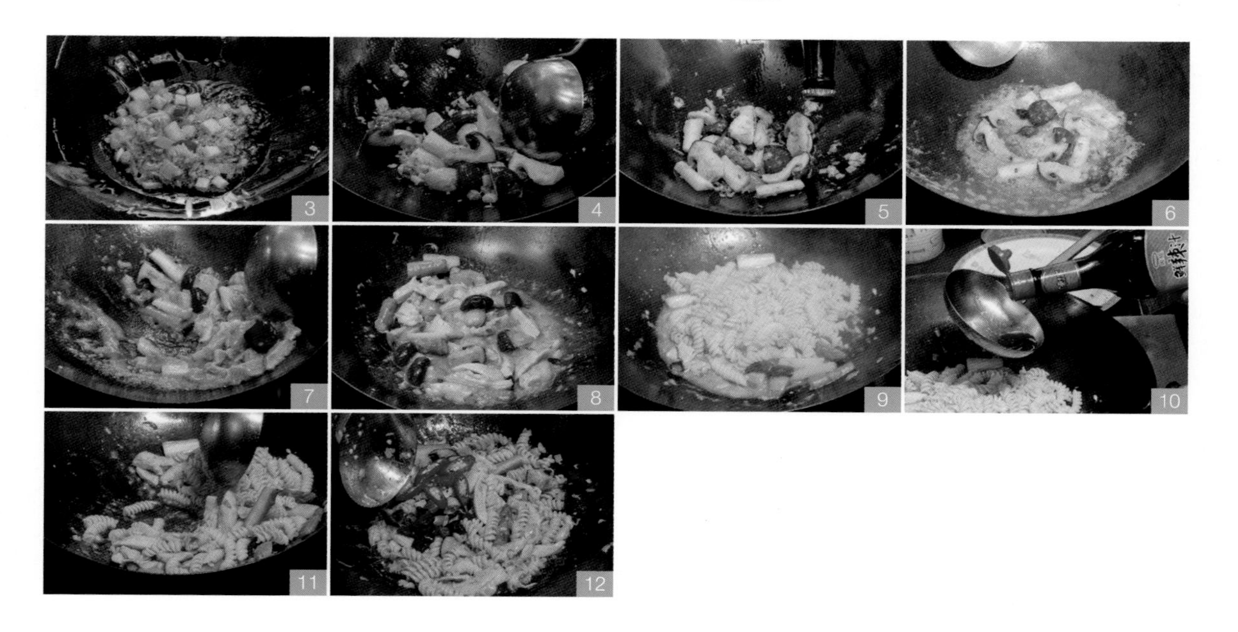

堡康利炆烧餐肉通心粉

材料

▼ 食材

意式通心粉	200克
牛番茄丁	30克
洋葱丁	30克
蒜碎	10克
虾仁	6尾
黄甜椒丁	30克
西芹丁	30克
洋菇片	30克
火腿丁	30克
荷兰豆	30克

▼ 调味料

堡康利番茄原酱	2大匙
上汤鸡粉	1小匙
水	120毫升
糖	1匙
黑胡椒粒	1匙
盐	1匙
白胡椒粉	1匙

做法

备料

1 虾仁开背取出肠泥，品种不限，确认新鲜就好；备妥所有食材。图1

2 准备一锅开水，放入1大匙盐（配方外）、少许油（配方外）、意式通心粉，中火煮8分钟。

① 使用橄榄油或色拉油都可以，一般烫西式面点可以用橄榄油。

② 加盐是希望面条带一些咸味；加油是为了防止粘连。

3 确认熟了捞起沥干，放入冰块水中快速冰镇，再次捞起沥干，备用。图2

冰镇可让面条快速降温，面条不会烂掉，反而能呈现弹性。

熟制

4 炒锅烧热，下少许色拉油（配方外），用中火爆香牛番茄丁、洋葱丁、蒜碎，爆至香气飘散，洋葱透明炒软。图3

大火爆香材料虽然上色快速，香气会稍嫌不足。

5 加入虾仁、洋菇片炒匀，加入调味料转大火煮匀，煮至锅内沸腾冒泡。图4~8

6 加入黄甜椒丁、西芹丁、火腿丁炒匀，加入意式通心粉煨煮收汁，加入荷兰豆快速拌炒，盛盘完成。图9~12

PIZZA菠萝油

材料

▼ 食材

有盐奶油	3片
碎冰	1小碗

▼ 面团

高筋面粉	90克
低筋面粉	10克
奶粉	3克
细砂糖	10克
干酵母	2克
全蛋	15克
水	15克
三花淡奶	20克
无盐奶油	10克

▼ 比萨

火腿角	3片
比萨吉士	30克
意式烤鸡香料	10克
干迷迭香	少许

▶ 食材碎冰用来防止有盐奶油熔化，面包烤好搭配有盐奶油品尝，风味更佳。

做法

面团

1 高筋面粉、低筋面粉、奶粉过筛。搅拌缸分区放入干性材料，再倒入全蛋、水、三花淡奶、无盐奶油，中速搅打至材料大致混匀。图1~3

2 转高速搅打至成团、筋性出现，一开始面团会粘搅拌缸，再打一下面团就会被带起来，当底部面团都被带起来时转慢速，再打1~2分钟。图4~10

桌面放上适量手粉，检测面团是否可拉到三倍长，可以拉就是好了。或者扯出薄膜，薄膜状态是可透光，破掉时破口圆润。

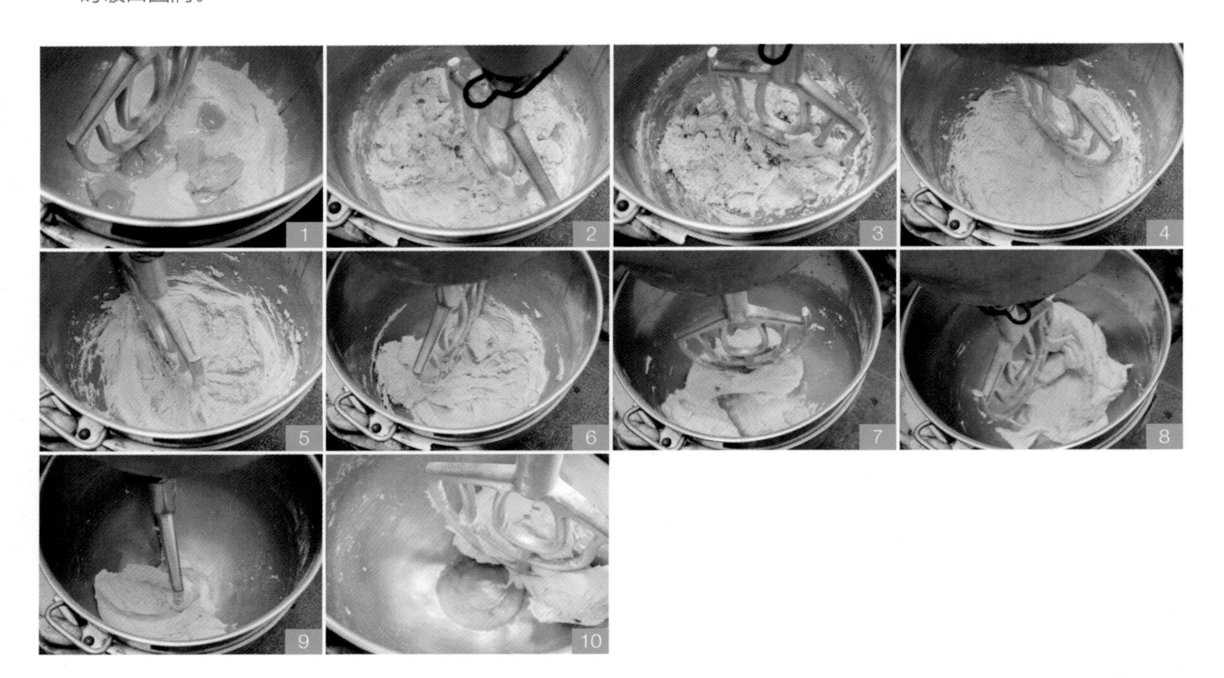

分割松弛

3 面团收整成长条，用切面刀分割100克/个，滚圆，间距相等放上不粘烤盘，室温静置发酵15分钟。图11~14

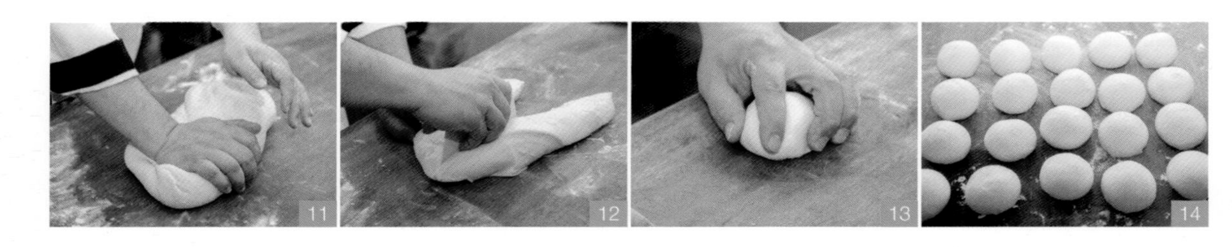

整形

4 擀开面团，尾部特别擀薄，铺上火腿角、意式烤鸡香料、干迷迭香，指腹稍微压到分布均匀（或用擀面棍擀一下），撒比萨吉士。图15~18

5 翻面，由下朝上卷起，头尾尖端相连用虎口捏尖，压平，以45° 角放入纸模中。图19~31

最后发酵

6 室温静置发酵4.5~6小时（温度28℃，无湿度），发酵至两倍大。图32

烘烤

7 送入预热好的烤箱，以上火160℃/下火180℃，烘烤14~16分钟。

香草咖啡菠萝油

材料

▼ 食材

有盐奶油	3片
碎冰	1小碗

▼ 面团

高筋面粉	60克
低筋面粉	20克
奶粉	3克
细砂糖	2克
干酵母	2克
全蛋	15克
水	15克
三花淡奶	20克
无盐奶油	1克

▼ 菠萝酥皮

无盐奶油	20克
细砂糖	10克
蛋黄	1颗
奶粉	5克
低筋面粉	40克
香草咖啡粉	10~20克

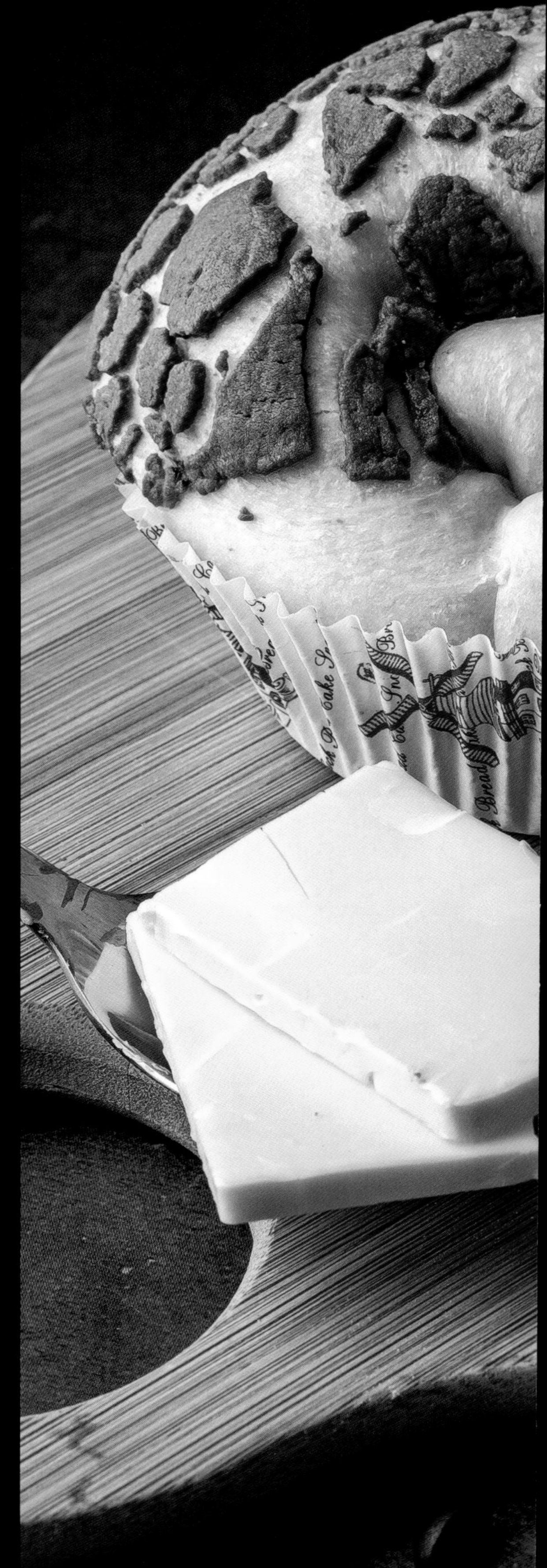

做法

菠萝酥皮

1 桌面放上低筋面粉挖出一个粉墙，中心放入无盐奶油、细砂糖、蛋黄、奶粉。图1

2 先把中心的材料混匀，再搭配切面刀用手和匀，加入香草咖啡粉拌匀，用保鲜膜妥善包起，放入冰箱冷藏备用。图2~6

材料的香草咖啡粉要使用即溶型的，用研磨的会不均匀。

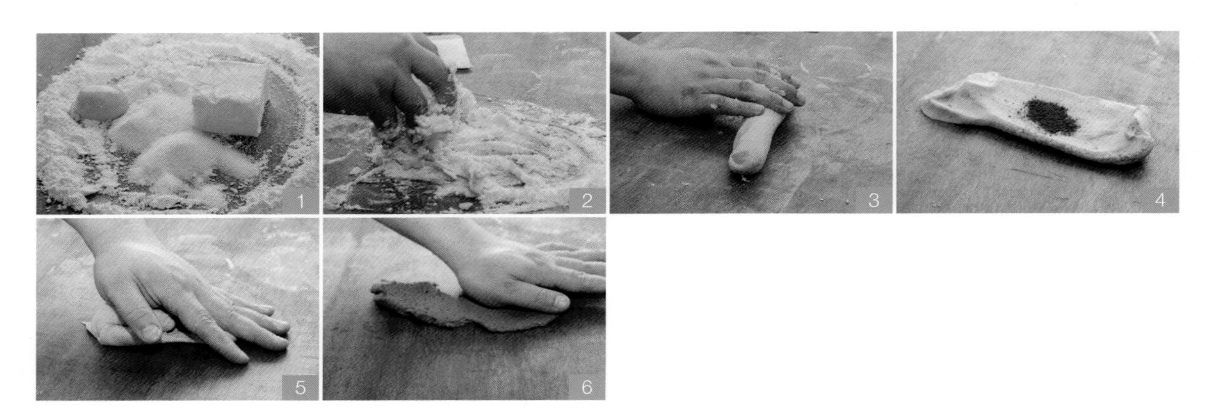

面团

3 高筋面粉、低筋面粉、奶粉过筛。搅拌缸分区放入干性材料，再倒入全蛋、水、三花淡奶、无盐奶油，中速搅打至材料大致混匀。

① 桌面放上适量手粉，检测面团是否可拉到三倍长，可以拉就是好了。或者扯出薄膜，薄膜状态是可透光，破掉时破口圆润。

② 可参考P.74“PIZZA菠萝油”做法1图片帮助理解。

4 转高速搅打至成团、筋性出现，一开始面团会粘搅拌缸，再打一下面团就会被带起来，当底部面团都被带起来时转慢速，再打1~2分钟。

可参考P.74“PIZZA菠萝油”做法2图片帮助理解。

分割松弛

5 面团收整成长条，用切面刀分割100克/个，滚圆，间距相等放上不粘烤盘，室温静置发酵15分钟。

可参考P.74“PIZZA菠萝油”做法3图片帮助理解。

6 冷藏后菠萝酥皮如果冰太久水分流失，可以添加少许奶油揉制，调整到不会龟裂的状态即可，搓成长条状，用切面刀分割30克/个，搓圆。

整形

7 擀开面团，放上菠萝酥皮，指腹稍微压到分布均匀，用擀面棍擀到贴合，尾部擀薄。图7~8

8 翻面，由下朝上卷起，头尾尖端相连用虎口捏尖，压平，以45°角放入纸模中。图9~13

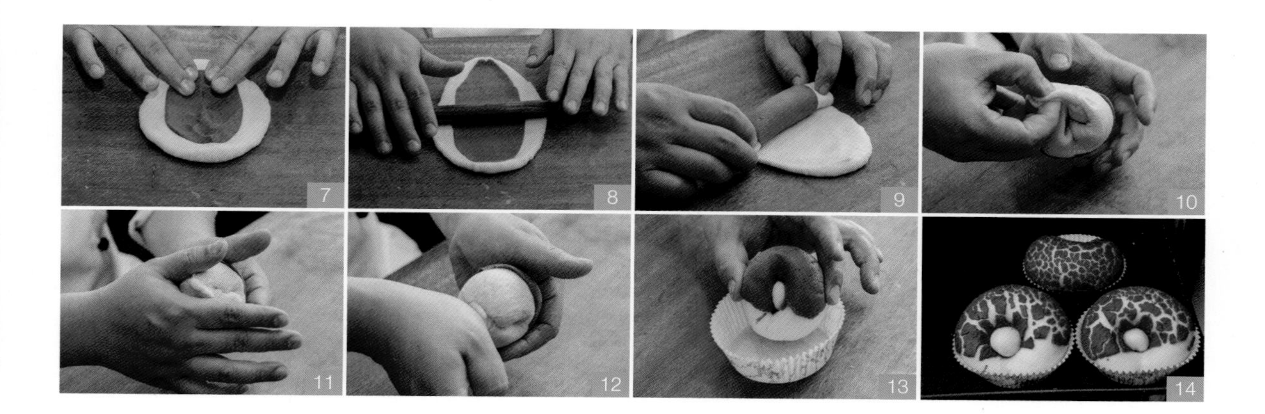

最后发酵

9 室温静置发酵4.5~6小时（温度28℃，无湿度），发酵至两倍大。图14

有菠萝酥皮这项材料，注意发酵环境不可有湿度，过湿菠萝酥皮会软掉。

烘烤

10 送入预热好的烤箱，以上火160℃/下火180℃，烘烤12~15分钟。

烤咖啡菠萝包时特别要注意火候，咖啡口味的菠萝酥皮如果烤过头容易带苦味，食用前表面可以撒少许糖粉调整口感。

11 有盐奶油片放上碎冰冰镇，食用时在面包中间划一横刀，夹入冰镇奶油片，表面撒上适量糖粉（配方外）完成。

夹入的奶油使用有盐、无盐都可以，依个人口味选择即可。

冰火菠萝油

材料

▼ 食材

有盐奶油	3片
碎冰	1小碗

▼ 面团

高筋面粉	90克
低筋面粉	10克
奶粉	3克
细砂糖	10克
干酵母	2克
全蛋	15克
水	15克
三花淡奶	20克
无盐奶油	10克

▼ 菠萝酥皮

无盐奶油	20克
细砂糖	10克
蛋黄	1粒
奶粉	5克
低筋面粉	40克

做法

菠萝酥皮

1 桌面放上低筋面粉挖出一个粉墙，中心放入无盐奶油、细砂糖、蛋黄、奶粉。图1

2 先把中心的材料混匀，再搭配切面刀用手和匀，用保鲜膜妥善包起，放入冰箱冷藏备用。图2~4

1

2

3

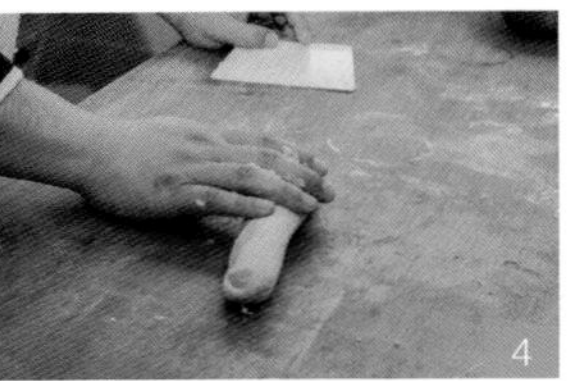
4

面团

3 高筋面粉、低筋面粉、奶粉过筛。搅拌缸分区放入干性材料，再倒入全蛋、水、三花淡奶、无盐奶油，中速搅打至材料大致混匀。

桌面放上适量手粉，检测面团是否可拉到三倍长，可以拉就是好了。或者扯出薄膜，薄膜状态是可透光，破掉时破口圆润。可参考P.74“PIZZA菠萝油”做法1图片帮助理解。

4 转高速搅打至成团、筋性出现，一开始面团会粘搅拌缸，再打一下面团就会被带起来，当底部面团都被带起来时转慢速，再打1~2分钟。

可参考P.74“PIZZA菠萝油”做法2图片帮助理解。

分割松弛

5 面团收整成长条，用切面刀分割100克/个，滚圆，间距相等放上不粘烤盘，室温静置发酵15分钟。

可参考P.74“PIZZA菠萝油”做法3图片帮助理解。

6 冷藏后菠萝酥皮如果冰太久水分流失，可以添加少许奶油揉制，调整到不会龟裂的状态即可，搓成长条状，用切面刀分割30克/个，搓圆。图5

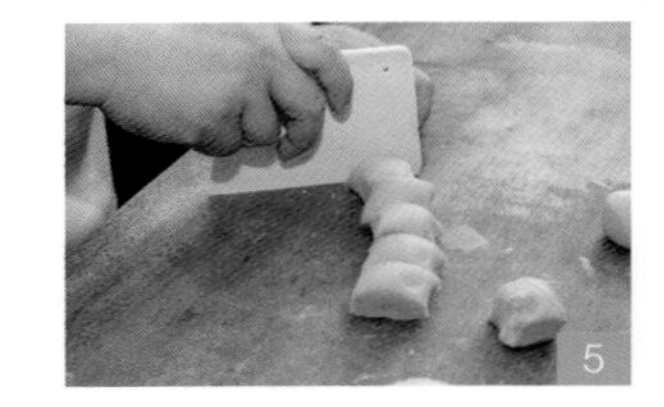
5

整形

7 擀开面团，放上菠萝酥皮，指腹稍微压到分布均匀，用擀面棍擀到贴合，尾部擀薄。图6~7

8 翻面，由下朝上卷起，头尾尖端相连用虎口捏尖，压平，以45°角放入纸模中。图8~11

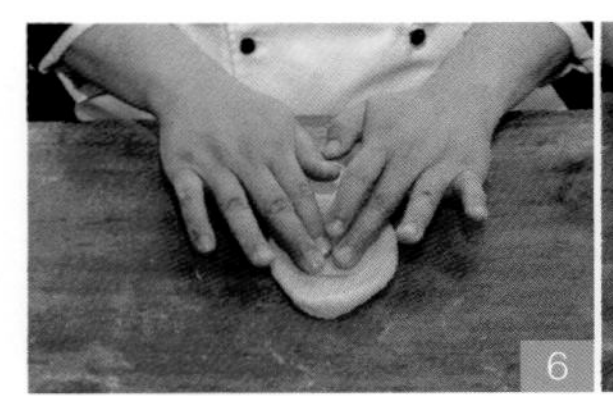
6

7

8

9

最后发酵

9 室温静置发酵4.5~6小时（温度28℃，无湿度），发酵至两倍大。图12

烘烤

10 送入预热好的烤箱，以上火160℃/下火180℃，烘烤14~16分钟。

11 有盐奶油片放上碎冰冰镇，食用时在面包中间划一横刀，夹入冰镇奶油片完成。

菠萝包发酵时间务必充足，否则制作出来的菠萝包会又小又硬，烤箱温度也要控制得宜，若面包太早上色，可将烤箱微开用余温焖熟。制作酥皮时尽量不要揉至起筋，搅拌均匀即可，烘烤时菠萝酥皮才不会缩小，若酥皮起筋也无妨，压大张一点，用牙签划交叉格子状也很美。

叉烧焗餐包

材料

▼ 食材

梅花肉	600克
洋葱丁	30克
香菜（去根切碎）	10克

▼ 餐包

高筋面粉	120克
细砂糖	12克
干酵母	2克
全蛋	10克
水	50~65克
无盐奶油	4克

▼ 叉烧酱

老姜片	30克
洋葱片	30克
葱段	30克
水	600毫升
深色酱油	60毫升
蚝油	45克
红糖	220克
白胡椒粉	1匙
胡麻油	1大匙
红曲粉	1大匙

▼ 腌叉烧

深色酱油	1大匙
蚝油	1大匙
红曲酱	1大匙
红糖	1大匙
白胡椒粉	1匙
米酒	1匙
绍兴酒	1匙
太白粉	1匙
麻油	1匙

做法

叉烧酱

1 锅子热油加入老姜片、洋葱、葱段爆香备用。图1

2 加入其他材料煮滚，将洋葱、老姜、葱段捞出，取太白粉60克、玉米粉35克、水180毫升调匀勾芡（勾芡材料皆配方外）完成叉烧酱。图2~8

取适量勾芡即可，不需全加，调制到图8的浓稠度。

腌叉烧

3 梅花肉加入所有腌叉烧材料拌匀，妥善封起冷藏1晚。图9~12

备馅

4 炒锅热油，中大火将港式叉烧肉煎至表面上色，送入预热好的烤箱，以上下火250℃烤20~25分钟，烤熟切丁。图13~19

① 港式叉烧肉因为腌制关系，从外观看不出是否熟成，建议在肉最厚的地方剪一刀，看内里状态确认是否熟成。

② 也可以直接用烤箱烤熟，一样上下火250℃，烤20~25分钟，差别只在于表面上色状态。

5 锅子洗净，炒锅重新热油，将洋葱丁用中火爆香，爆至香气飘散，洋葱呈半透明状态。图20

6 港式叉烧肉丁、爆香过的洋葱丁、叉烧酱、香菜一同拌匀，内馅放凉备用。图21~24

叉烧肉跟叉烧酱的比例为叉烧肉：叉烧酱=1：1.5。

餐包

7 搅拌缸分区加入干性材料，再倒入全蛋、水、无盐奶油，中速搅打至材料混匀，再转高速搅打至成团、筋性出现，一开始面团会粘搅拌缸，再打一下面团就会被带起来，当底部面团都被带起来时转慢速，再打1~2分钟。

桌面放上适量手粉，检测面团是否可拉到三倍长，可以拉就是好了。或者扯出薄膜，薄膜状态是可透光，破掉时破口圆润。

分割松弛

8 面团收整成长条，用切面刀分割50克/个，滚圆，间距相等放上不粘烤盘，发酵15分钟。

整形

9 面团用擀面棍擀开，擀中间厚边缘薄，抹入40克内馅，一手托着面团，另一手拇指固定，用食指收折面团，收整成圆形。图25~34

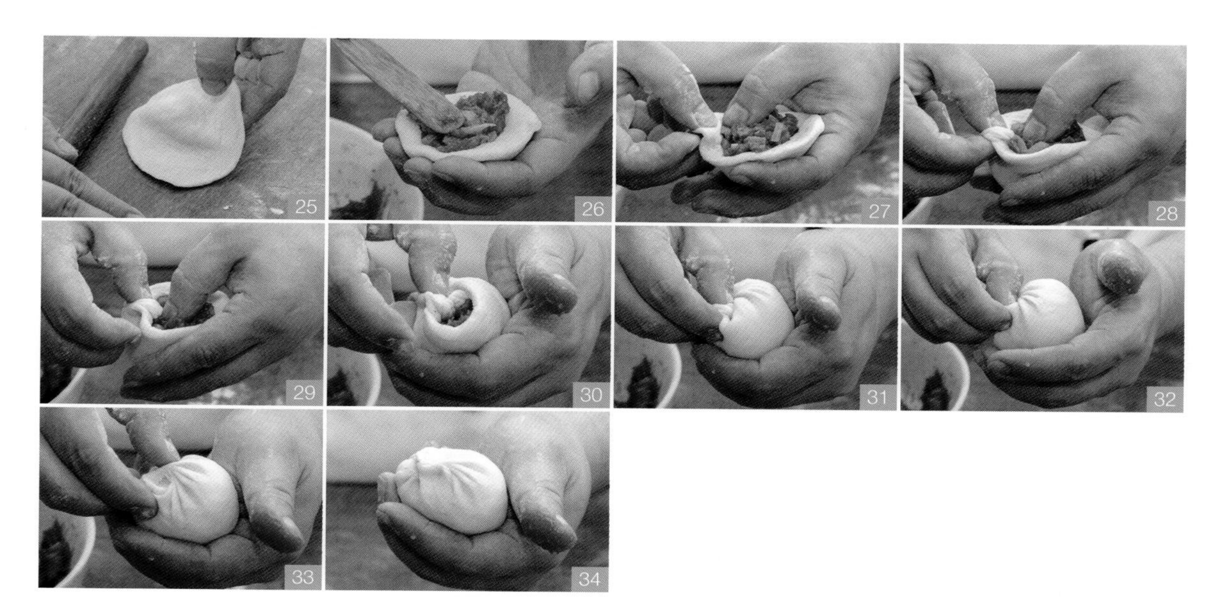

最后发酵

10 收口朝下，间距相等排入不粘烤盘中（此处可以做一点造型变化，再取两端搓尖，搓成橄榄形），室温静置发酵1.5~2小时（温度28℃，无湿度），发酵至两倍大。

烘烤

11 刷薄薄一层蛋黄液（配方外），送入预热好的烤箱，以上火160℃/下火180℃，烘烤12~15分钟。图35~36

12 放凉冷却后，于面包表面刷一层薄薄的蜂蜜（配方外）。

成功的餐包是非常柔软的，关键就是“发酵时间”与烘烤的“温度、时间”；温度太高、时间太长都会带走面包水分，餐包就会干硬不松软，多操作几次就会有不一样的心得。

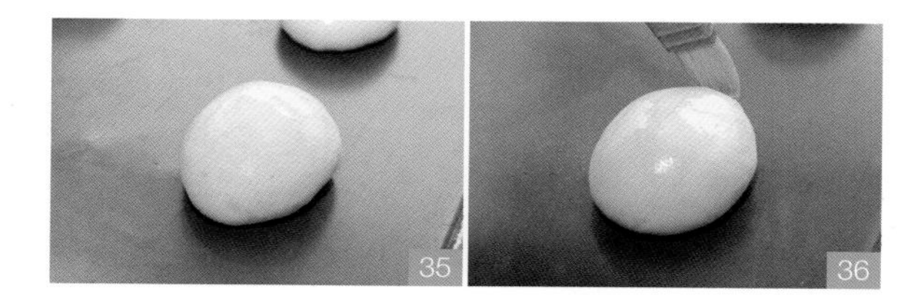

原味多士

材料

▼ 面团

		干酵母	2克
高筋面粉	90克	全蛋	15克
低筋面粉	10克	水	15克
奶粉	3克	三花淡奶	20克
细砂糖	10克	无盐奶油	10克

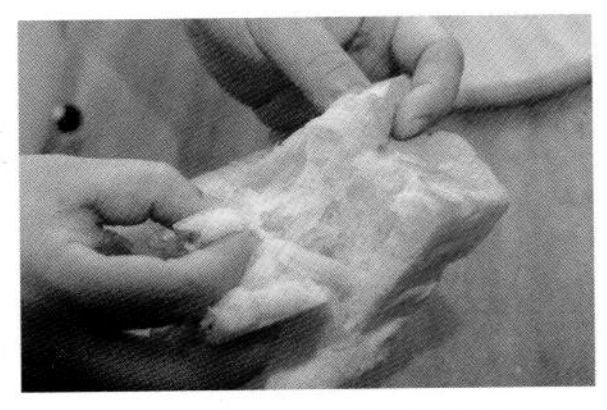

▲ 好的吐司撕开后会有丝状组织。

做法

面团

1 高筋面粉、低筋面粉、奶粉过筛。搅拌缸分区放入干性材料，再倒入全蛋、水、三花淡奶、无盐奶油，中速搅打至材料大致混匀。

桌面放上适量手粉，检测面团是否可拉到三倍长，可以拉就是好了。或者扯出薄膜，薄膜状态是可透光，破掉时破口圆润。可参考P.74“PIZZA菠萝油”做法1图片帮助理解。

2 转高速搅打至成团、筋性出现，一开始面团会粘搅拌缸，再打一下面团就会被带起来，当底部面团都被带起来时转慢速，再打1~2分钟。

可参考P.74“PIZZA菠萝油”做法2图片帮助理解。

分割松弛

3 面团收整成长条，用切面刀分割100克/个，滚圆，间距相等放入不粘烤盘，室温静置发酵20~30分钟。图1~4

可参考P.74“PIZZA菠萝油”做法3图片帮助理解。

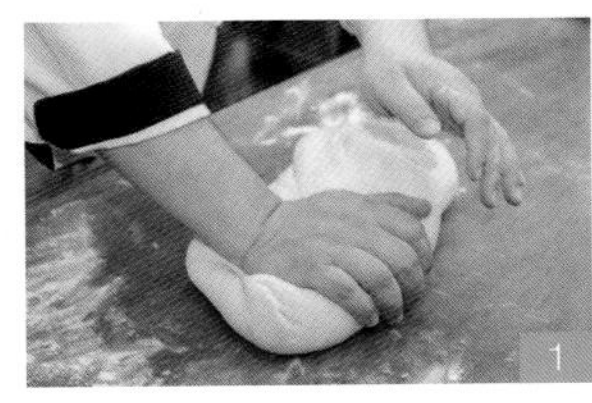
1

2
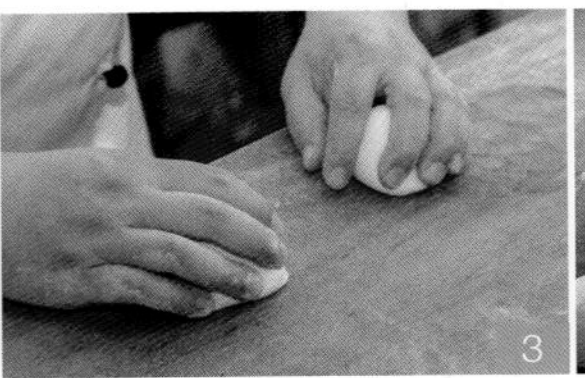
3

4

整形

4 轻拍排气，用擀面棍擀开，由上而下卷起，对折，放入吐司模（三能SN2151）。图5~10

5
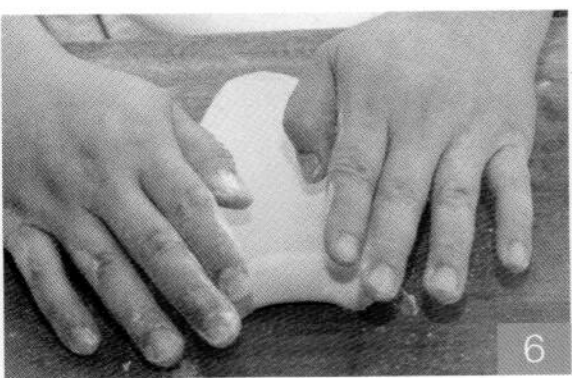
6
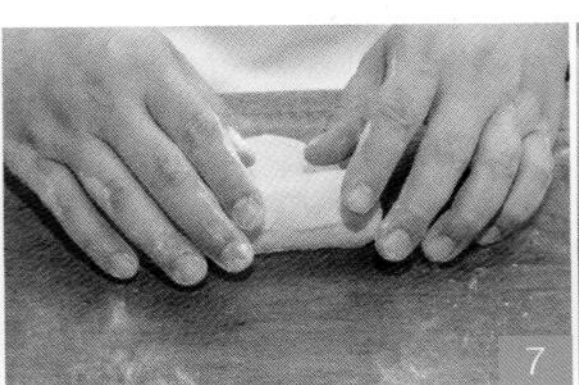
7

8

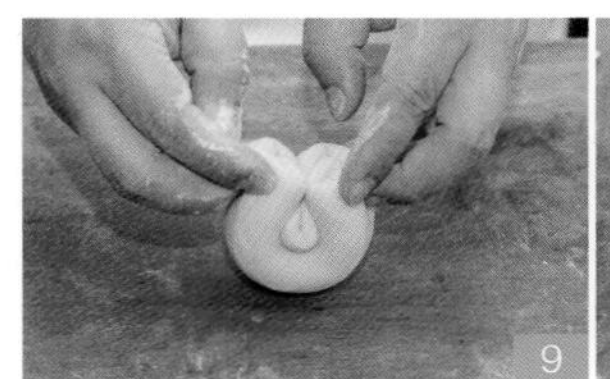

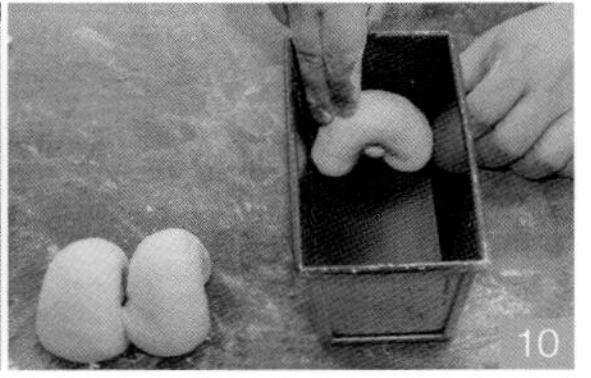

最后发酵

5 喷水，室温静置发酵4.5~5.5小时（温度约28℃，室温发酵即可），注意室温低时要发酵6小时，发酵至两倍大。图11~12

烘烤

6 送入预热好的烤箱，以上火160℃/下火180℃，烘烤14~16分钟。图13

7 出炉重敲，把热气震出，置于晾架放凉。图14

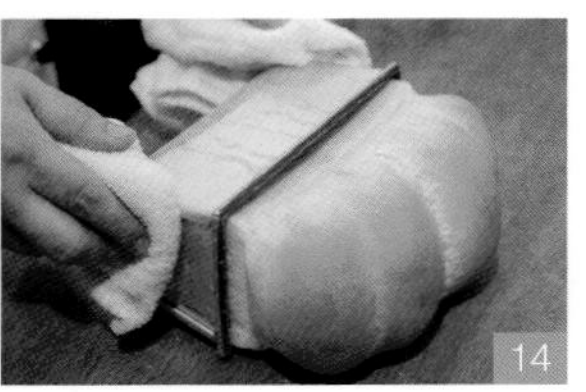

麻油鸡炭烤吐司

材料

▼ 食材

原味多士P.88	1条
鸡胸肉	1片
牛番茄	4片
新鲜生菜	40克
鸡蛋	2颗

▼ 麻油鸡腌料

姜麻油	1碗
米酒	1碗
鲜鸡汁	1匙
白胡椒粉	1小匙
太白粉	1小匙

做法

备料

1 牛番茄洗净切片；新鲜生菜洗净；鸡蛋打散备用。

腌麻油鸡

2 鸡胸肉与麻油鸡腌料一同拌匀，妥善封起，冷藏腌制6小时以上。

熟制

3 炒锅烧热，加入少许色拉油（配方外）、少许胡麻油（配方外）热油，倒入蛋液，中大火煎熟，煎成四方片。图1~5

4 炒锅烧热，加入少许色拉油（配方外）、少许胡麻油（配方外）热油，放入腌好的做法2麻油鸡，用中火两面煎熟。图6~8

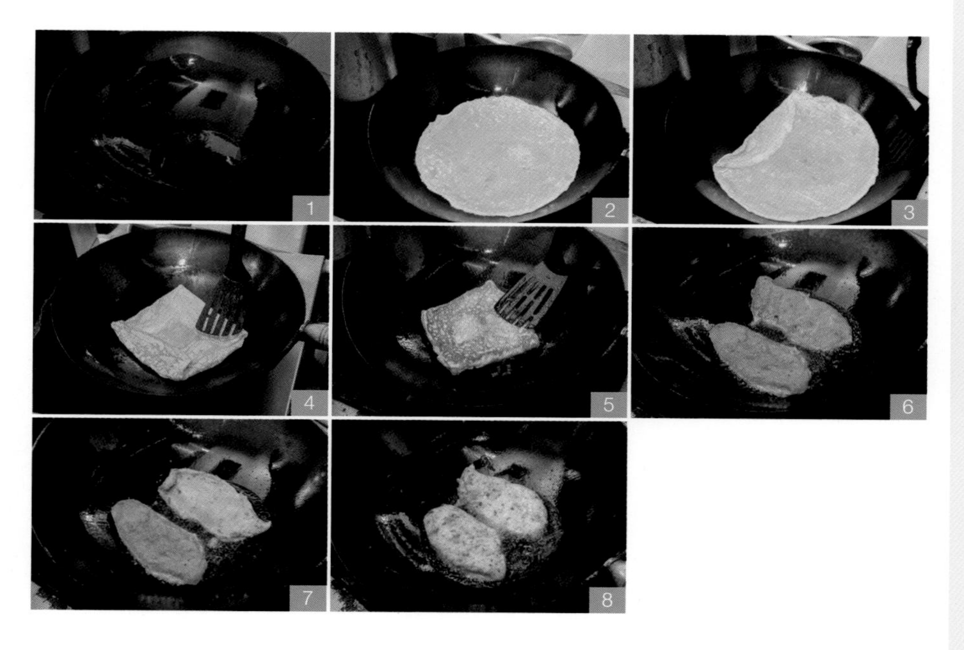

组合

5 用面包刀将“原味多士”吐司切片，夹入煎好麻油鸡、牛番茄、蛋皮、新鲜生菜。

姜麻油制作方法：老姜薄片1碗、胡麻油1碗，小火将老姜煸干煸香，捞出老姜薄片，取姜麻油备用。

① 热锅下油，油热后再下蛋液，锅热油热这样蛋才不会粘锅。
② 可搭配半熟蛋，口感更多汁湿润。

奶油脆脆猪仔饱

材料

▼ 食材

有盐奶油	适量
蜂蜜	适量
三花炼奶	适量
巧克力酱	适量

▼ 猪仔面团

高筋面粉	70克
低筋面粉	30克
盐	2克
细砂糖	6克
干酵母	2克
水	35克
三花炼奶	15克
全脂牛奶	15克

做法

面团

1 机器搅拌：高筋面粉、低筋面粉过筛。搅拌缸分区加入干性材料，再倒入水、三花炼奶、全脂牛奶，中速搅打至材料大致混匀，再转高速搅打至成团。图1~12

桌面放上适量手粉，检测面团是否可拉到三倍长，可以拉就是好了。

2 手揉搅拌：高筋面粉、低筋面粉过筛。盐、细砂糖、干酵母加入部分配方水溶解；搅拌缸加入所有材料，把材料大致混匀揉至成团。

机器搅拌与手揉搅拌择一操作即可。

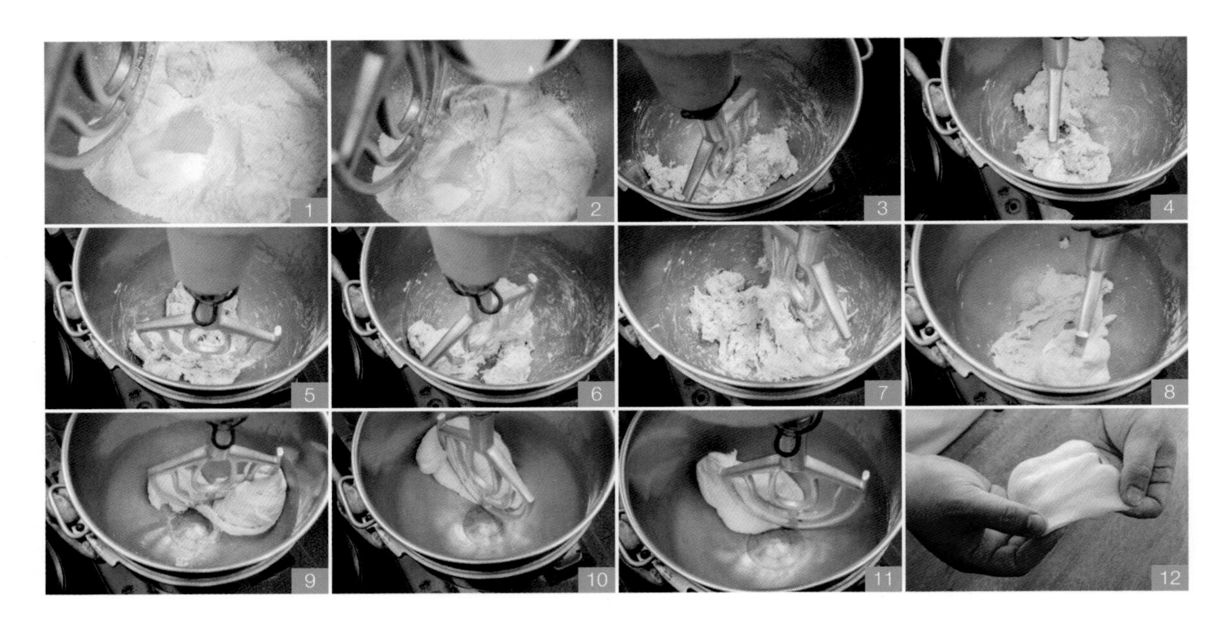

分割造型1

3 面团收整成长条，用切面刀分割成100克/个，滚圆，间距相等放上不粘烤盘。图13~18

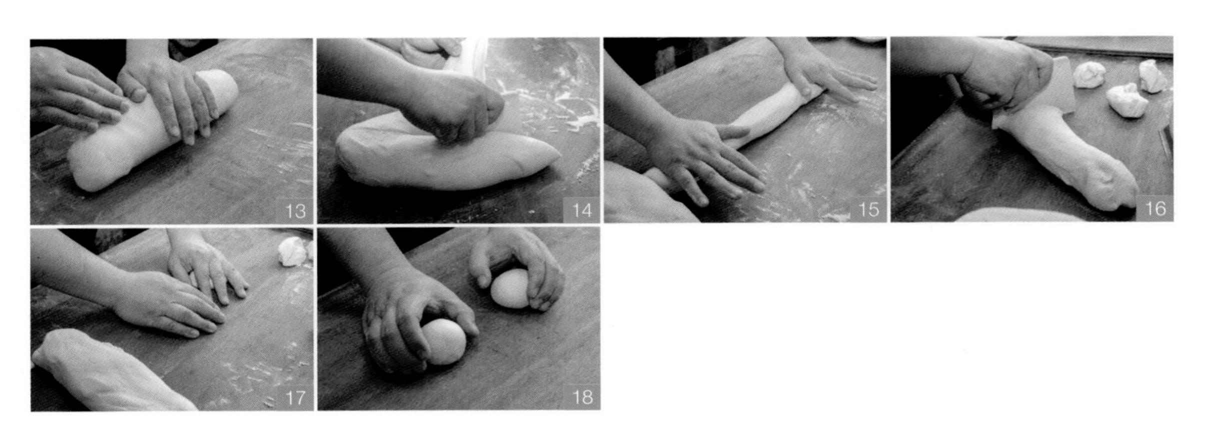

分割造型2

4 面团收整成长条，用切面刀分割成100克/个，滚圆，搓成橄榄形，间距相等放上不粘烤盘。图19~20

分割造型1与分割造型2择一操作即可。

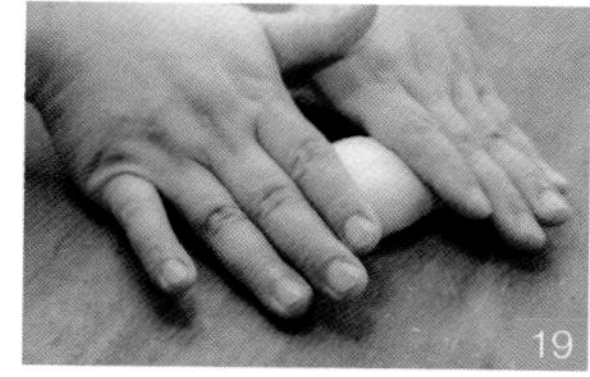

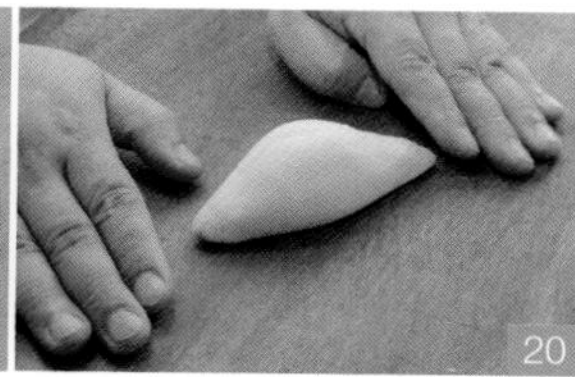

中间发酵

5 喷水，面团盖上袋子（避免表面干掉），室温静置发酵30分钟（室温约28℃，无湿度）。图21~22

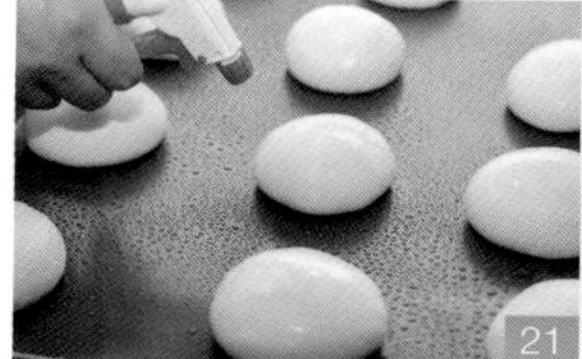

造型1整形

6 面团剪十字，注意不可剪太深，深度约1/3即可，喷水。图23

剪之前喷水让它不粘，剪之后喷水让面团可以顺利发起来。

造型2整形

7 中心划一刀，表面喷水。图24~26

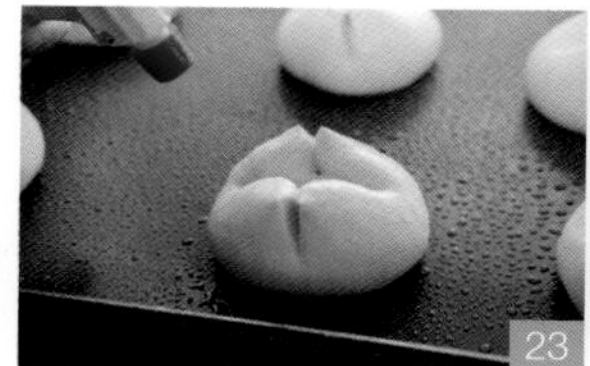

最后发酵

8 室温静置发酵4.5~6小时（温度28℃，无湿度），发酵至两倍大。图27~28

烘烤

9 送入预热好的烤箱，以上火220℃/下火180℃，烘烤12~15分钟。

10 戴上手套将面包切片，趁热抹上有盐奶油，让面包的热气慢慢熔化奶油（也可再烤至奶油熔化），挤上蜂蜜、炼奶、巧克力酱，完成。

家庭式烤箱火力不均匀，记得调整猪仔饱位置，并延长烘烤时间，面包才够酥脆。出炉切片，配上喜欢的酱料，酥脆甜蜜的滋味就是美味。

法式猪扒饱

材料

▼ 食材

里脊肉	200克
生菜	30克
洋葱细丝	10克
牛番茄片	3片

▼ 猪仔面团

高筋面粉	70克
低筋面粉	30克
盐	2克
细砂糖	6克
干酵母	2克
水	35克
三花淡奶	15克
全脂牛奶	15克

▼ 猪扒腌料

蚝油	1小匙
花雕酒	1小匙
红糖	1小匙
白胡椒粉	1小匙
麻油	1匙
水	50毫升
上汤鸡粉	1小匙

▼ 法式蛋液

全蛋	1颗
三花淡奶	100毫升
蜂蜜	50毫升
全脂牛奶	50毫升

做法

面团

1 参考P.94~95“奶油脆脆猪仔饱”做法1~6完成烤好的面包，造型可随意挑选，“法式猪扒饱”使用造型1圆面包，从中横向切半。图1~2

猪扒面包入烤箱前，最后发酵最少要发到两倍大。

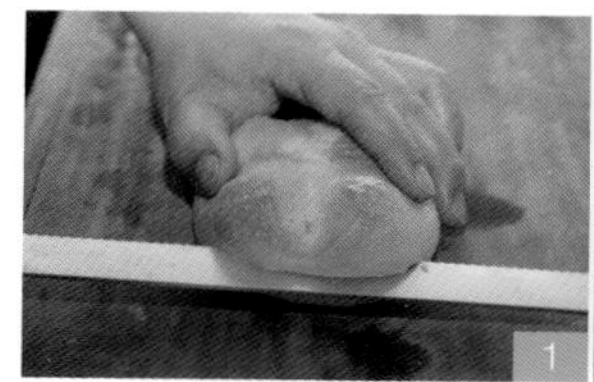
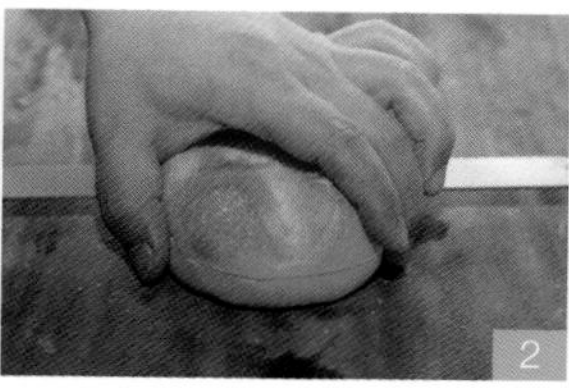

备料

2 将里脊肉断筋，用刀背将里脊肉排拍约一倍大，与猪扒腌料一同腌制，用手抓拌至里脊肉吸收液体材料，冷藏腌制6小时以上。图3~5

熟制

3 法式蛋液材料混匀；取底部那块沾上法式蛋液，将沾蛋液面朝上，送入烤箱烘烤，烤至表面上色、烤脆。图6~8

此处烘烤也可以用烤面包机，大约烘烤3~5分钟，或烤箱预热上火160℃/下火120℃，只要烤到面包上色即可，注意不要烤焦。

4 炒锅热油，下腌好的里脊肉，煎至两面金黄、熟成。图9~12

煎猪扒时要注意火候，蚝油跟糖容易焦化，平底锅把猪扒烧到两面上色后，转小火煎熟即可，煎完可把锅里剩余的酱汁淋在猪扒上，口感更多汁入味。

组合

5 面包夹入猪扒、生菜、洋葱细丝、牛番茄片，完成。

朝气五仁盏

材料

▼ 内馅

葡萄干	120克
生核桃	30克
杏仁片	30克
南瓜籽	30克
腰果	30克
夏威夷豆	30克

▼ 食材

烤熟蛋挞盏	12个

▼ 塑形糖浆

红糖	50克
水麦芽糖	120克
蜂蜜	20克
水	30克
无盐奶油	30克

做法

内馅

1 葡萄干、生核桃、杏仁片、南瓜籽、腰果、夏威夷豆洗净，送入预热好的烤箱，以上下火150℃烤至全熟，放凉备用。图1

塑形糖浆

2 锅中加入塑形糖浆所有材料，小火加热至材料煮匀，质感会渐渐转为浓稠，边缘开始起泡，慢慢煮滚，滴落时会越来越慢，最后定住。图2~5

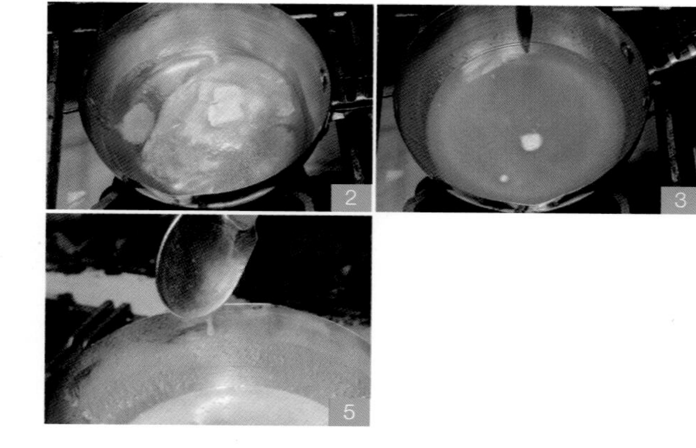

组合

3 做法1材料放入瓷碗，再倒入做法2糖浆拌匀，填入烤熟蛋挞盏中，完成。图6~8

如果操作太慢糖浆凝结，可以再回煮恢复，但要注意回煮太多次糖浆力道会变弱，与食材一起搅拌会抓不住食材，容易反砂，还原成糖颗粒。

橘酱星酥饼

材料

▼ 酥饼

低筋面粉	300克	全蛋	50克
泡打粉	2克	猪油	120克
小苏打粉	3克	熟核桃碎	20克
红糖	120克	熟杏仁角	20克

做法

酥饼

1 低筋面粉、泡打粉、小苏打粉过筛至桌面，中心挖出一个粉洞。图1

2 放入红糖、全蛋，用手稍微混匀，再加入猪油混匀，用切面刀将外围粉类刮入中心，慢慢拌和。图2~7

如果面团过软，可以补一点面粉，或者送入冰箱冷藏调整软硬度。

3 倒入熟杏仁角、核桃碎混匀（不要揉，避免出筋）。图8~10

注意混匀就好，不要操作到出油，如果不幸出油了，可以送入冰箱冷藏20分钟补救。

4 搓成长条，用切面刀分割35克/个，搓圆，中心用拇指轻压。图11~13

5 再用手掌轻轻压扁，间距相等排上烤盘，指尖轻压（让它再均匀一点，避免太厚烤太久），压上喜爱的模具。图14

熟制

6 送入预热好的烤箱，以上下火150℃烤10分钟，开炉，把饼干一个一个翻面，温度改160℃再烤12分钟，烤至熟成酥脆。

如果温度太高，饼干底部已经上色了，可以在烤盘下再垫一个烤盘。

7 出炉放凉，在做法4拇指压出的凹痕处挤入适量橘子酱（配方外）。

MILO烧烤蜜酱串

材料

▼ 肉类

材料	用量
梅花猪豚肉丁	100克
太白粉	5克
生抽酱油	10毫升
意式香料	5克

▼ 蔬菜

材料	用量
红甜椒	10克
黄甜椒	10克
四季豆	10克
杏鲍菇	30克
紫洋葱	10克
新鲜香菇	30克

▼ MILO烧烤蜜酱

材料	用量
美禄二合一*	2大匙
市售烤肉酱	100毫升
鲜味露	1匙
淡色酱油	2匙
热水	50毫升
红糖	1大匙
蜂蜜	1大匙

＊ 一种麦芽乳饮品。

做法

备料

1 红甜椒、黄甜椒洗净去头尾去籽，切小片；四季豆剥掉细丝切段；杏鲍菇切片；紫洋葱切片；新鲜香菇去蒂头切半。图1~6

2 不锈钢盆加入肉类所有材料一同混匀，腌制30分钟。图7

组合

3 将做法1、2食材用竹签随意串起，串两串。图8~9

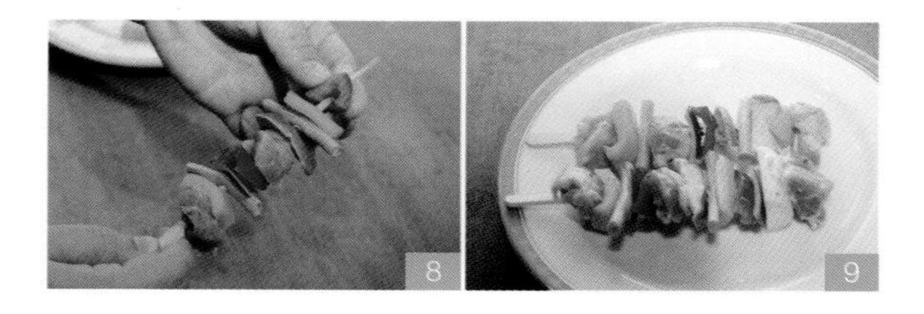

熟制

4 送入预热好的烤箱，以上下火200℃先烤5分钟，看一下状况，烤盘内外调头，再烤5分钟。

MILO烧烤蜜酱

5 将美禄二合一、红糖加入热水搅拌均匀，接着加入酱油、鲜味露、市售烤肉酱搅拌均匀，放凉后加入蜂蜜拌匀，完成。图10~11

6 做法4烤肉串烤熟后，刷上MILO烧烤蜜酱回烤，烤至酱料收干（3~5分钟），上桌前再刷一次MILO烧烤蜜酱，完成。图12

Part 3 补气美容炖品热糖水

莲子红枣雪蛤膏

材料

▼ 食材

莲子	8颗
大红枣	2颗
泡发雪蛤	40克

▼ 蔗糖水

蔗糖	45克
冰糖	30克
水	600克

做法

1 莲子、大红枣洗净；莲子送入预热好的蒸笼，中火蒸60分钟。

2 锅子加入蔗糖水所有材料，中大火煮滚备用。图1

3 准备一锅开水，汆烫泡发雪蛤，放入炖盅内。

4 再放入莲子、红枣、蔗糖水，送入预热好的蒸笼，中火蒸炖45分钟。图2~4

干雪蛤如何泡发?

① 首先将雪蛤外表用清水洗净，浸泡一晚，再将泡水膨胀的雪蛤剥去内外部杂质，换水，再泡3~6小时即可。图5~9

② 主要视干雪蛤本身品质而定，泡越久涨越大、越多，但口感软烂易化水，所以多一时不可，少一分也不行。

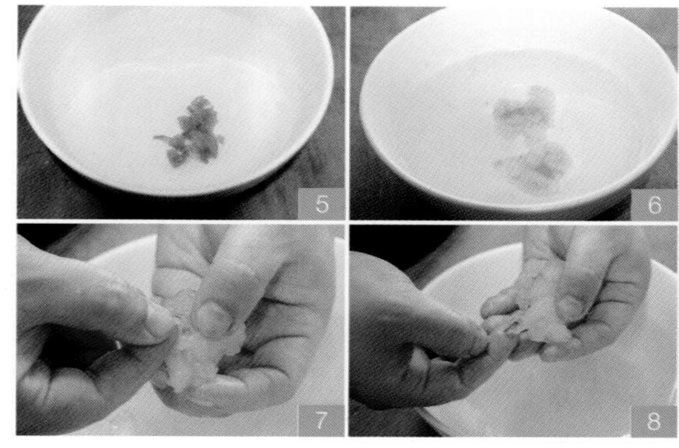

▲ 已泡发的雪蛤

冰糖川贝炖蜜梨

材料

▼ 食材

川贝	8粒
干枸杞	适量
雪梨	1颗

▼ 黄冰糖水

黄冰糖	100克
水	600克

做法

1 锅里加入黄冰糖水所有材料，中大火煮滚备用。

2 雪梨（或称水梨）洗净削皮，去核切块。图1~8

3 川贝洗净，浸入热水3小时；干枸杞淘洗干净。图9

> 川贝具清热化痰，润肺止咳疗效。

4 炖盅放入雪梨、川贝、干枸杞、黄冰糖水，送入预热好的蒸笼，中火蒸炖45分钟。图10~12

> ① 枸杞不耐煮，通常都是在快完成才加入（短时间即可完成），烹调时间太长枸杞会软烂，并且会抢味。
> ② 另一种做法是梨子整颗挖除核、籽，以果实本体为容器，加入冰糖水一起炖煮，原汁原味。

香滑杏仁露

材料

▼ 食材

北杏仁	50克
南杏仁	100克
水	800毫升
玉米粉水	适量

▼ 调味料

细砂糖	100克

做法

1 南杏仁、北杏仁洗净，加入水一同浸泡3.5小时，倒入调理机研磨。图1

浸泡3.5小时的用意主要是让杏仁软化，质地变软比较好研磨，并且因为长时间浸泡，水已经有杏仁味道了，如果换水会降低杏仁的味道，所以注意不可换水，直接倒入调理机打匀。

2 用滤网过滤，滤渣成杏仁浆；玉米粉与水按1：1的比例调匀备用。图2~4

过滤出来的渣渣可以做杏仁酥、杏仁饼干、杏仁内馅、杏仁饮品。

3 杏仁浆煮开，加入细砂糖煮匀，加入适量玉米粉水勾芡调匀，最后用筛网过滤，让质地更细致。图5~8

杏仁茶勾芡不宜太浓厚，可搭配油条一起食用。油条可以用烤箱中温烘烤，约上下火150℃，慢烤8~12分钟，烤至酥脆。

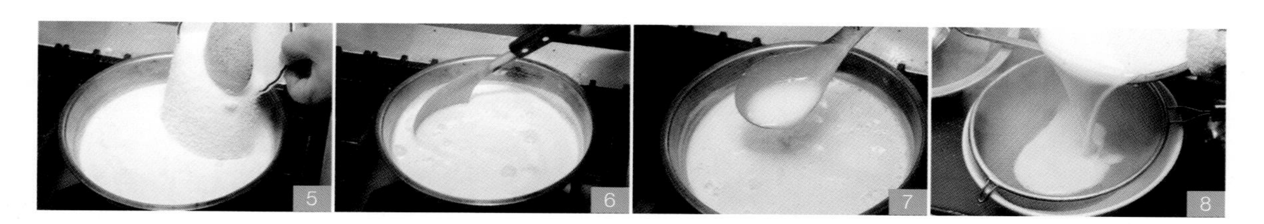

核桃香醇奶露

材料

▼ 食材

核桃	100克
水	400克
全脂牛奶	100毫升
玉米粉水	适量

▼ 调味料

细砂糖	75克

做法

1 核桃洗净，准备一锅热水烫过，放凉，用厨房纸巾把水吸干。

2 锅中加入适量色拉油，以油温150~160℃将核桃炸至金黄熟成备用。图1~2

① 炸坚果类油温都不能太高，因为它本身就有油脂，油温太高容易黑掉。

② 看核桃有没有熟，就是看它是否有浮起，浮起后拿一颗剥开，如果颜色是黄白色的就是未熟，如果变为淡黄褐色就是熟了，此时就可以开火把核桃炸上色，迅速捞起。

3 炸好的核桃用沸水烫过，去除油脂，加入水研磨成核桃浆，用筛网过滤；玉米粉与水按1：1的比例调匀备用。图3

过滤出来的渣渣可以做核桃酥、核桃饼干、核桃内馅、核桃饮品。

4 锅中加入做法3核桃浆煮开，加入全脂牛奶、细砂糖煮匀，以适量玉米粉水勾芡调匀。图4~8

核桃外膜苦涩，核桃仁带生味处理时一定不能偷懒，要洗净→沸水→油炸→沸水→研磨→过滤，少一个步骤味道都会欠缺，前功尽弃。

黑金芝麻糊

材料

▼ 食材

生黑芝麻	150克
生白芝麻	25克
水	1000毫升
玉米粉水	适量

▼ 调味料

细砂糖	150克

做法

1 干锅加入生黑、白芝麻，以中小火慢炒至白芝麻变金褐色，关火，继续炒香，待锅中温度下降倒出，放凉备用。图1~4

① 用黑白芝麻的原因是，如果只用黑色的炒，会看不出来炒制程度，加白色的才知道锅内芝麻熟成状态。

② 如果看到锅边在冒烟就要离火翻炒，闻到有烧焦味道就来不及了。

③ 炒芝麻不可用大火，容易焦，焦化会使芝麻香气消失，炒芝麻需要耐心，欲速则不达。

1

2

3

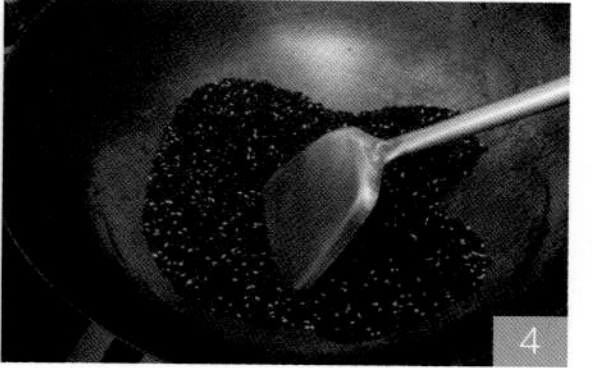
4

2 将炒好的芝麻反复清洗2~3次，水会越来越澄净。图5~7

3 与水一同倒入调理机研磨成芝麻浆，用滤网过滤。玉米粉：水=1：1，调匀备用。图8~12

① 要打到手摸没有颗粒状，材料状态才够细腻，味道才会够浓。

② 过滤出来的渣渣可以做芝麻酥、芝麻饼干、芝麻内馅、芝麻饮品。

4 加入细砂糖，用中火慢慢煮滚做法3芝麻浆，下适量玉米粉水勾芡，汤勺以画圆方式慢慢搅拌煮开完成。

① 可以使用大火，大火容易烧焦，小火则是会煮不滚。

② 芝麻浆口感必须浓厚，勾芡要均匀不可起筋，打完芡表面还是油亮的，才是标准。

5 6 7 8 9 10 11 12

海带绿豆沙

材料

▼ 食材

干海带（昆布）	10克
绿豆	180克
水	650毫升

▼ 调味料

红糖	125克

做法

1 干海带洗净泡软（约浸泡30分钟），切丁；绿豆清水淘洗干净。图1

2 绿豆、海带分别用大火蒸1小时，取出沥干。图2

3 调理机加入一半绿豆、一半水，打成细沙状态。图3

4 加入红糖、海带、剩余绿豆、剩余的水搅拌均匀，完成。图4

绿豆沙如不够浓稠，可再捞起些许绿豆打成细沙调匀。红豆沙也可以用此法，如果豆子蒸得时间不够，打成豆沙的效果会不理想。

1

2

3

4

陈皮红豆沙

材料

▼ 食材

红豆	125克
水	500毫升
陈皮	1/4片

▼ 调味料

红糖	75克

做法

1 红豆、陈皮洗净，加水（此处使用配方内的水）用大火蒸1.5~2小时，沥干水分。图1

沥出的水不要丢弃，等会会用到。

2 调理机加入一半红豆、陈皮、一半做法1沥出的水，一起打成细沙状。图2~3

3 加入红糖、剩余红豆、剩余的水拌匀，完成。

① 这个做法不用勾芡也能吃到浓郁的红豆沙，只要红豆与水的比例正确，就可以轻松制作绵密的豆沙。

② 陈皮可以降血脂、降血压，预防癌症及心肌梗死。

1

2

3

姜汁双皮奶

材料

蛋白	100克
细砂糖	50克
水	65克
全脂牛奶	270克
去皮老姜	10克

做法

1 老姜洗净削皮，切小片与水一同加入调理机，打成姜汁。图1~2

皮要去干净，不然打出来视觉上会有脏的黑点（或杂质黑点）。

2 不锈钢盆倒入姜汁、蛋白，用打蛋器把鸡蛋的组织打断。图3~4

蛋白不要打太久，只是把蛋白的组织打散就可以了。

3 加入细砂糖、全脂牛奶拌匀，用筛网反复过滤两次，倒入量杯中。图5~10

第一次把蛋的脐带过滤掉，第二次是为了把杂质细浆过滤掉，如果没把“细浆内的老姜纤维”过滤掉，蒸出来会黄黄的（过滤两次比较干净）。

4 炖奶浆倒入炖盅，撇掉浮沫，送入预热好的蒸笼，中火慢炖25~40分钟，表面凝结成软弹状即可，取出风干。图11~12

5 表面风干后倒入第二层炖奶浆，再入蒸笼蒸10~15分钟，表面凝结成形即可，拿出封上保鲜膜，完成。

制作第二层时炖奶浆不能太厚，以免蒸过久使炖奶过熟，导致周围开花卖相不佳。

荔蓉焗西米布丁

材料

▼ 荔蓉馅

新鲜芋头丁	70克
细砂糖	30克

▼ 西米布丁

水	60克
玉米粉	20克
吉士粉	20克
三花淡奶	60克
椰浆	60克
熟西米	180克
细砂糖	25克
无盐奶油	20克
蛋黄	35克

做法

1 新鲜芋头丁蒸熟，趁热与细砂糖一起混合，用手掌压成泥。图1~4

热的时候芋头本身的淀粉质会让它自己成团。

2 水、玉米粉、吉士粉调匀。图5~6

这个做法称作开粉，开粉就是水跟粉混匀。

3 锅里加入三花淡奶、椰浆、熟西米煮开。图7~9

① 此处可以加入110毫升水一同煮，因为这些材料都很容易烧焦，加一点水提高成功率。

② 也可把三花淡奶、椰浆先蒸热到高温取出，再迅速煮滚不易烧焦。

4 加入做法2材料勾芡，关火，加入细砂糖拌匀，加入无盐奶油拌匀，加入蛋黄拌匀。图10~15

① 注意加入蛋黄时锅内温度不可以太高，否则蛋黄会熟。

② 早期都是用莲蓉。

5 煮好的布丁浆倒入模型底，中间放一块芋头馅再盖上剩余布丁浆，整形后放入烤箱，以上火200℃/下火160℃，烤约12~15分钟，烤至金黄色完成。图16

① 中间的内馅可以随意搭配，像红豆沙馅、白莲蓉馅、奶黄馅都很适合。

② 荔蓉指的是广西荔浦产的芋头，香味扑鼻，味道浓郁，当地又称“香芋”，在荔浦选购当地名产，芋头为首选。当地的芋头料理很多都冠上“荔蓉”二字，例如荔蓉香酥鸭、荔蓉带子等驰名料理。

Part 4

港风甜点饮品凉糕

皮蛋豆腐

材料

▼ 冻凝食材

水	500毫升
细砂糖	80克
吉利丁片	15克

▼ 调色材料

黑芝麻粉	35克
全脂牛奶（A）	40毫升
全脂牛奶（B）	40毫升
黑芝麻酱	30克

▼ 其他

椰子粉	1大匙
花生粉	1大匙
生白芝麻	1大匙
季节水果	适量
什锦坚果	适量
鸡蛋壳（洗净晾干）	2个
玫瑰酱	1匙

做法

1 吉利丁片一片一片泡入冰水中，泡约20分钟，泡软挤干备用。

2 锅中加入水煮开，加入细砂糖、吉利丁片煮溶，分成三份备用。

3 芝麻奶冻：第一份加入黑芝麻粉、全脂牛奶（A）拌匀，倒入干净鸡蛋豆腐盒中，冷藏3小时以上，冷藏至材料凝固。图1~3

1

2

3

4 奶冻：第二份加入全脂牛奶（B）调制完成，过筛，倒入干净鸡蛋豆腐盒中，冷藏3小时以上，冷藏至材料凝固。图4

4

调色材料的全脂牛奶可替换鲜奶使用。

5 黑芝麻果冻：第三份先过筛，加入黑芝麻酱调制完成，倒入干净鸡蛋壳内，冷藏3小时以上，冷藏至材料凝固。图5~7

倒入蛋壳要倒满，不然剥开的时候会有一部分是平的。

5

6

7

6 平底锅烧干转小火，将椰子粉炒至金黄色再加入花生粉、白芝麻炒香，倒出放冷备用。

7 取出制作完成的奶冻做底，叠上芝麻奶冻；做法5黑芝麻果冻剥壳，取少许做法6粉类铺底帮助摆盘，放上季节水果、什锦坚果装饰，点缀玫瑰酱。图8

8

冲突风的午茶甜点，把看似家常小菜的皮蛋豆腐华丽转身，变成五星级酒店下午茶甜点，由咸变甜。

tips

- 用黑芝麻果冻呈现以假乱真的皮蛋
- 使用港式奶酪做法呈现嫩豆腐（鲜奶冻）跟芝麻豆腐（芝麻奶冻）
- 玫瑰酱取代酱油膏
- 椰子粉、白芝麻、花生粉制作假肉松

杏仁水果豆腐

材料

▼ **冻凝食材**

吉利丁片	20克
杏仁露	600毫升
细砂糖	70克

▼ **其他**

季节水果	适量
杏仁露（放凉）	适量
椰浆	适量
红糖浆	适量

做法

1 参考P.110“香滑杏仁露”制作杏仁露。

2 吉利丁片一片一片泡入冰水中，泡约20分钟，泡软挤干备用。

3 杏仁露大火蒸热，蒸约10分钟。

蒸热再煮，比较不易烧焦。

4 杏仁露取出煮滚，加入吉利丁片、细砂糖再次煮滚，用筛网过滤。

5 将杏仁露冷却至微浓稠状，倒入容器冷藏3小时，完成。图1

6 取出凝固的成品修边切块，搭配季节水果、冷杏仁露、椰浆、红糖浆食用。图2~4

参考P.144“英式丝袜奶茶”制作红糖浆。

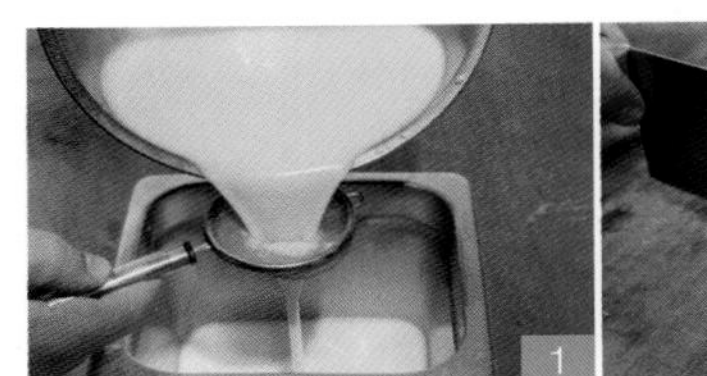
1

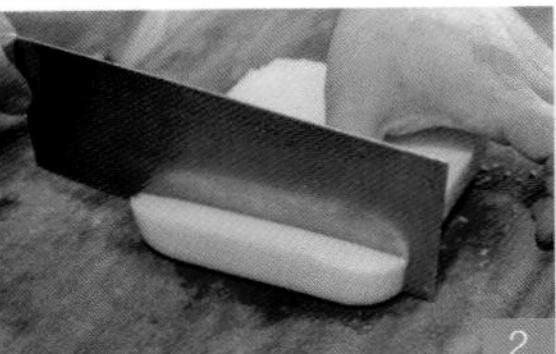
2

3

4

金牌珍珠奶酪

材料

全脂牛奶（或保久乳）	275毫升	水	150毫升
细砂糖	45克	吉利丁片	5克
植物性鲜奶油	20毫升	市售煮好珍珠	1大匙
		金牌南瓜籽油	1匙

做法

1 吉利丁片一片一片泡入冰水中，泡约20分钟，泡软挤干备用。图1

2 全脂牛奶（或保久乳）用大火蒸热，蒸约10分钟。

蒸热再煮，比较不易烧焦。

3 锅中加入水煮滚，关火，加入吉利丁片略拌，加入细砂糖拌匀，拌至材料充分溶化。图2~5

4 加入做法2鲜奶（或保久乳）拌匀，用筛网过滤。图6~7

5 将奶酪浆冷却至微浓稠状，加入植物性鲜奶油搅拌均匀，倒入容器冷藏3小时，完成。图8

奶酪浆冷却后有浓度，再加入植物性鲜奶油更容易均匀混合。

6 搭配金牌南瓜籽油增加风味、市售煮好珍珠增加口感。

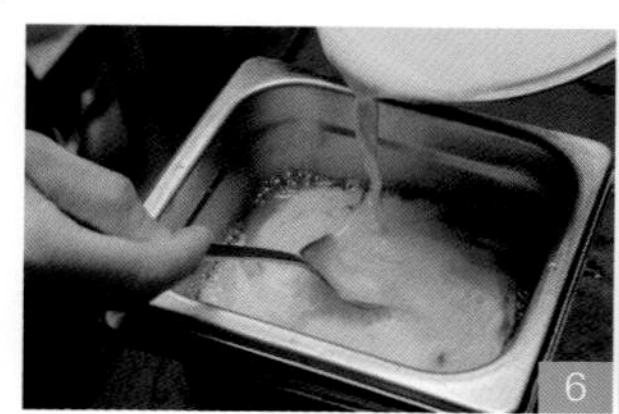

蓝莓香槟杯

材料

▼ 食材

椰浆	200毫升
全脂牛奶	75毫升
水	200毫升
吉利丁片	20克
细砂糖	120克
植物性鲜奶油	50毫升

▼ 染色

糖渍蓝莓	100克
蒸熟红豆	100克

▼ 装饰

新鲜蓝莓	适量
防潮糖粉	适量

做法

1 吉利丁片一片一片泡入冰水中，泡约20分钟，泡软挤干备用。

2 椰浆、全脂牛奶、水一同混匀，大火蒸热，蒸约10分钟。

3 取出煮滚，加入吉利丁片、细砂糖再次煮滚，用筛网过滤。

4 将椰汁糕浆冷却至微浓稠状，加入植物性鲜奶油搅拌均匀，分成三等份。

5 一等份倒入容器，冷藏1小时，冷藏至凝结。图1

6 一等份加入压碎蒸熟红豆拌匀，倒入做法5上层，冷藏1小时，冷藏至凝结。图2~5

7 一等份加入压碎糖渍蓝莓拌匀，倒入做法6上层，冷藏1小时，冷藏至凝结。图6~8

8 放上新鲜蓝莓，筛防潮糖粉。图9

蒸热再煮，比较不易烧焦。

① 做法6与7拌入食材都是为了调色，颜色如果过浅可以补染色材料；过深可以调适量椰汁糕浆。

② 吉利丁的用量决定软硬度，如果糖渍蓝莓跟蒸熟红豆的添加量有增加，吉利丁的用量就要增加，不然会无法成形。

手生磨豆腐花

材料

▼ 食材

黄豆	50克
饮用水	450毫升
盐卤	1小匙

▼ 糖浆

红糖	120克
饮用水	180毫升

做法

1 黄豆淘洗干净泡水，夏天泡6小时，冬天泡8~16小时，泡好洗净。

2 调理机加入黄豆、饮用水一同研磨，用市售豆浆布过滤两次，过滤后可以检查豆渣是否细致，要够细致才能凝结。图1~6

> 夏天泡黄豆时可以放冷藏室，避免因天气过热导致黄豆变质。

> 过滤豆浆的布一定要用市面上卖的豆浆布，过滤时不要挤压，两手分别上下拉扯，拉扯时豆浆就会自动流下，挤压的话细的豆渣会被挤出来，豆腐花就会不光滑。

3 倒入容器，送入预热好的蒸笼，大火蒸20~25分钟，闻起来不要有黄豆的青涩味。图7

4 蒸好后再过滤一次，因为豆浆比较浓，蒸完还是会有豆渣残留，再过滤让它更细致，吃起来不会粉粉的。图8~9

> 豆浆最怕油，蒸豆浆时不可碰到油，不然纤维质会分离。

5 盐卤放入容器中（或者用食用石膏粉与极少量食用水），在要装入的容器中调匀，食用水的分量只要能把石膏粉调开即可；豆浆倒入锅中再次煮滚，冲入容器中（尽量从高处冲入容器，要有一点力道材料才会均匀），加盖，静置5~8分钟，撇去表面泡沫，完成。图10~12

6 锅中加入糖浆材料的饮用水煮开，加入红糖煮至溶化，捞去表面杂质。食用时一饭碗量豆腐花兑一汤匙糖水，完成。

> 加盖能让材料焖住，保持高温使豆花顺利凝结。

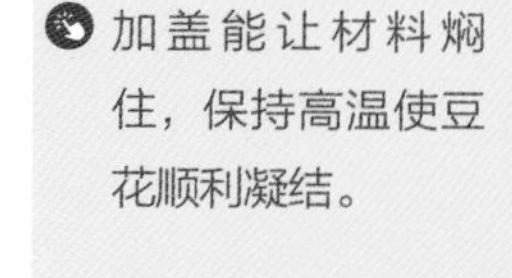

香草炖奶

材料

▼ 炖奶浆			
蛋白	100克	全脂牛奶（或保久乳）	270克
饮用水	65克	新鲜香草荚	1支
细砂糖	50克		

做法

1 不锈钢盆中放入蛋白、饮用水，用打蛋器稍微打一下，把组织打断。图1~2

把蛋白的组织打断即可。

2 加入细砂糖、全脂牛奶（或保久乳）拌匀，用筛网反复过滤两次。图3~5

第一次把蛋的脐带过滤掉，第二次是让鲜奶跟蛋白更均匀融合。

3 新鲜香草荚剪开，刮入材料中拌匀。图6~7

如果想要香草的味道更浓厚，做法2鲜奶先不要拌，制作前先把新鲜香草荚剪半泡入鲜奶，等到做法2过滤完，再把香草荚拿起，把香草籽刮入鲜奶，加入过滤的材料拌匀。

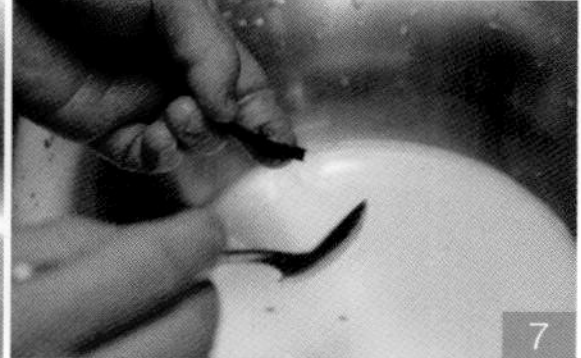

4 炖奶浆倒入炖盅，送入预热好的蒸笼，用中火慢炖20~25分钟，表面凝结成软弹状即可，取出封上保鲜膜以免表面风干。图8~9

炖奶放凉冷藏，冰凉的炖奶会富有滑嫩布丁口感。

南北杏炖木瓜银耳

材料

▼ 食材

泡发银耳	40克
南杏仁	5克
北杏仁	5克
微熟木瓜	1/4颗
干菊花茶	1~2颗

▼ 蔗糖水

蔗糖	50克
冰糖	50克
饮用水	600克

做法

1 南杏仁、北杏仁洗净，加入水一同浸泡3.5小时，把水沥掉。

2 木瓜对剖去籽，把白色部分刮掉，切去头尾（头尾白色部分会苦，要确实去除），切条。图1~3

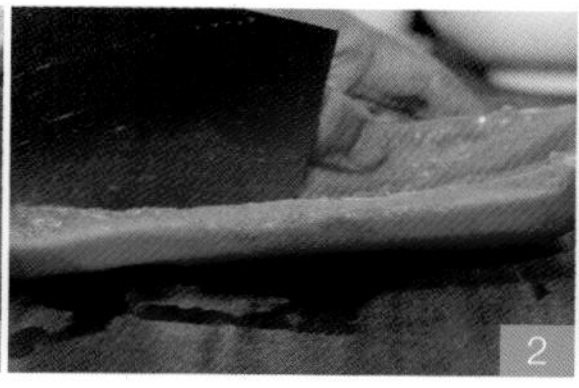
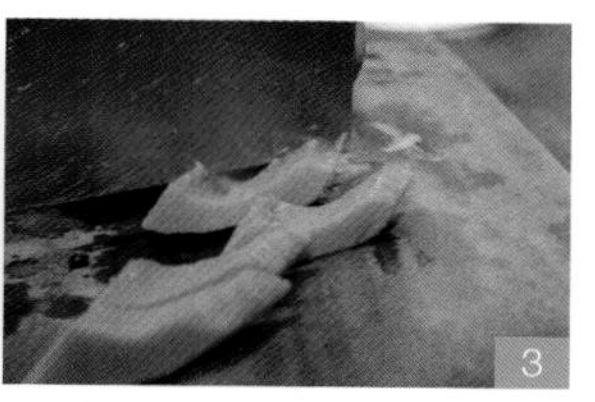

3 干银耳用常温水泡开（成泡发银耳），再称出配方量，剪去蒂头。图4~6

注意不能直接用干银耳称40克制作，量会过多。

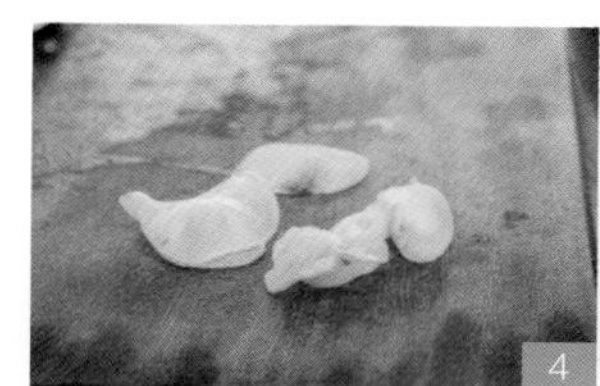
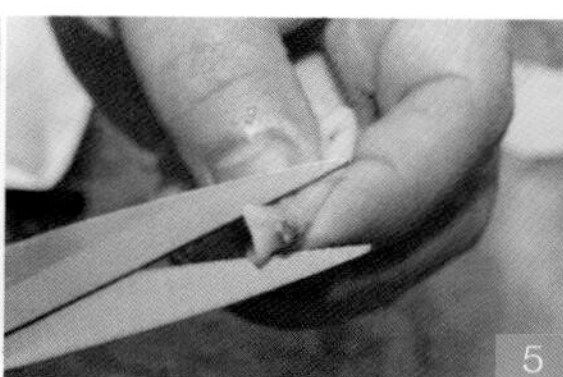
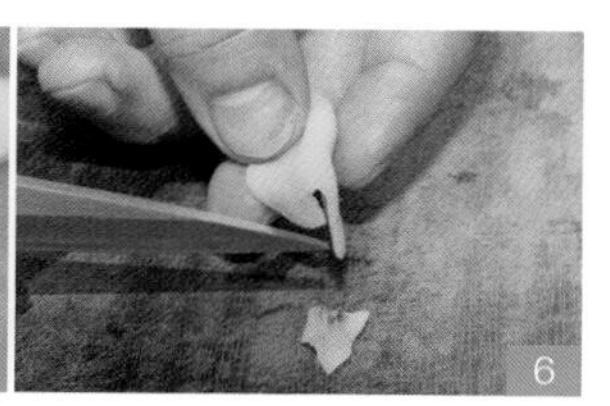

4 锅里加入蔗糖水所有材料，用中大火煮开。

5 汤盅放入木瓜、银耳、南杏仁、北杏仁、干菊花茶，加入煮滚的蔗糖水，炖煮1小时完成。图7~12

① 冰凉后就是夏日消暑天然甜品首选。

② 南杏仁味甘性平，力较缓，适用于长者、体虚及虚劳咳喘；北杏仁味苦，力较急，适用于壮年，不过北杏毒性较强。通常会将南杏仁：北杏仁按2：1的比例搭配使用，较为适当。

③ 挑选介于青橘色之间的木瓜，将熟未熟、快要熟成的木瓜；太熟的无法炖，一炖会烂掉；太生的炖出来没有滋补功效，也没有味道。

④ 干菊花茶的用意是中和木瓜的气味，否则太熟的木瓜炖出来气味太重。

冻大甲芋泥西米露

材料

大甲芋头粒	80克
泡水西米	110克
饮用水	700毫升
细砂糖	80克
全脂牛奶	250毫升

做法

1 配方中的“泡水西米”，西米稍微淘洗泡水，至少浸泡2小时。图1

2 大甲芋头粒用大火蒸40分钟，趁热捣成泥状备用。图2

3 锅中加入饮用水煮开，加入西米大火续煮。图3

4 待西米成透明状，加入大甲芋头泥、细砂糖煮开，加入全脂牛奶煮匀完成。图4~9

冷藏过后芋头质地会变硬，所以芋头蒸的时间一定要足够，质地才会松软。

莱檬橙冰茶（冻柠茶）

材料

▼ 红茶底

锡兰红茶包	15克
饮用水	1500毫升

▼ 红糖浆

红糖	250克
饮用水	175毫升

▼ 冻柠茶

红茶底	300毫升
红糖浆	50毫升
冰块	6~10颗
莱姆片	1片
柠檬片	1片
香橙片	1片

做法

红茶底

1 汤锅加入饮用水煮开，放入锡兰红茶包，转小火煮15~18分钟。图1~2

2 关火，盖上盖子浸泡4分钟，取出茶包放凉备用。图3

红糖浆

3 锅里加入饮用水、红糖，中小火煮滚，用筛网过滤杂质，放凉备用。

冻柠茶

4 贴着杯壁放入莱姆片、柠檬片、香橙片，放入冰块，再倒入红糖浆与红茶底，完成。图4~6

① 饮用时要记得先拌匀，不然会一开始没味道，喝到最后却很甜。

② 港式冻柠茶的柠檬是黄柠檬或莱姆，风味清香，酸度温和。

③ 台式柠檬红茶是绿柠檬，柠檬酸香，甜味较明显。

英式丝袜奶茶

材料

▼ 红茶底

锡兰红茶包	30克
饮用水	1500毫升

▼ 红糖浆

红糖	500克
饮用水	350毫升

▼ 英式丝袜奶茶

红茶底	250毫升
三花淡奶	50毫升
红糖浆	30毫升
冰块	6~10颗

做法

红茶底

1 汤锅中加入饮用水煮开，放入锡兰红茶包，转小火煮15~18分钟。图1~2

2 关火，盖上盖子浸泡4分钟，取出茶包放凉备用。图3

红糖浆

3 锅中加入饮用水、红糖，中小火煮开，用筛网过滤杂质，放凉备用。

英式丝袜奶茶

4 杯子中先放入冰块、红糖浆。图4~5

5 用汤匙作引，沿着杯壁依序倒入三花淡奶、红茶底，入杯速度慢、轻，即可做出层次。图6~9

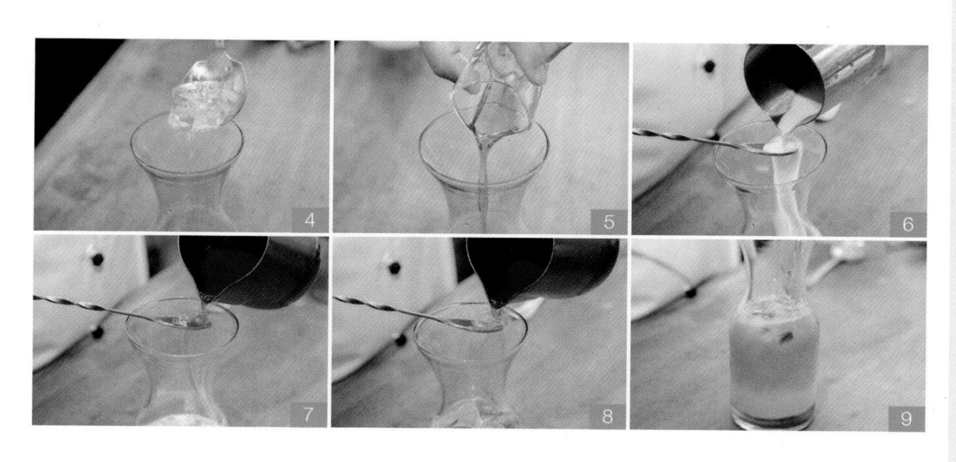

① 港式奶茶特色是“奶味重、茶味重、糖重”。

② 英式奶茶特色是“奶味中等、茶香中等、糖中等”。

③ 英式丝袜奶茶中和港式与英式的口味。

Part 5 台客原美食

夺命书生蒜辣酱

材料

▼ 食材

朝天椒	600克
蒜头（细碎）	300克
樱花虾	100克
色拉油（A）（或任何植物油）	600毫升
色拉油（B）（或任何植物油）	600毫升

▼ 调味料

盐	20克
糖	20克
上汤鸡粉	30克

做法

备料

1 蒜头切去头尾剥皮，用调理机打至细碎，称出配方量。

2 樱花虾送入预热好的烤箱，以上下火150℃，烘烤5~8分钟，烘干，取出备用。

3 朝天椒去蒂头，洗净沥干，与色拉油（A）一起用调理机打细碎。图1~3

熟制

4 锅中加入色拉油（B）加热至中油温约120~140℃，加入蒜碎（开始炼蒜碎）待略上色，加入做法3朝天椒碎色拉油。图4~8

5 用中油温继续炼蒜椒酱，待蒜碎呈金黄褐色后，关火，加入樱花虾、调味料混合均匀完成。图9~12

- 从调理机取出时要注意安全，不要被割到。
- 注意烘干就好，不要烤上色。
- 朝天椒可前一天洗净去蒂头，风干一晚。

9527爱老虎油

材料

▼ 食材

材料	用量
蒜头（细碎）	180克
红葱头（细碎）	200克
干日本瑶柱	40克
米酒	1碗
海米	40克
松子	40克
朝天椒	80克
色拉油（或任何植物油）	1200毫升

▼ 调味料

材料	用量
盐	30克
糖	30克
上汤鸡粉	40克
辣椒粉	30克

做法

备料

1 蒜头、红葱头切去头尾剥皮，分别用调理机打至细碎，称出配方量。

2 朝天椒（又称鸡心椒）去蒂头，洗净沥干，用调理机打细碎；海米泡水洗净，用调理机打细碎。

3 用约1碗的米酒与瑶柱一起蒸1小时，软化后沥干米酒，放凉，搓成丝。图1~2

从调理机取出材料时要注意安全，不要被割到。

① 注意米酒用量需盖过瑶柱，不可过少。

② 蒸好的瑶柱米酒汁可以放凉后冷冻保存，是鲜美的天然高汤。

熟制

4 锅中加入色拉油，加热至中油温120~140℃，加入蒜碎（开始炼蒜碎）待略上色，加入红葱头续炼。图3~6

5 用中油温继续炼老虎油，待红葱头略上色后，下瑶柱丝续炼。图7~9

6 当瑶柱丝略上色后，加入海米细碎、松子、朝天椒。图10~12

7 续炼至泡沫变少，材料都呈金黄褐色后，加入所有调味料混合均匀，完成。

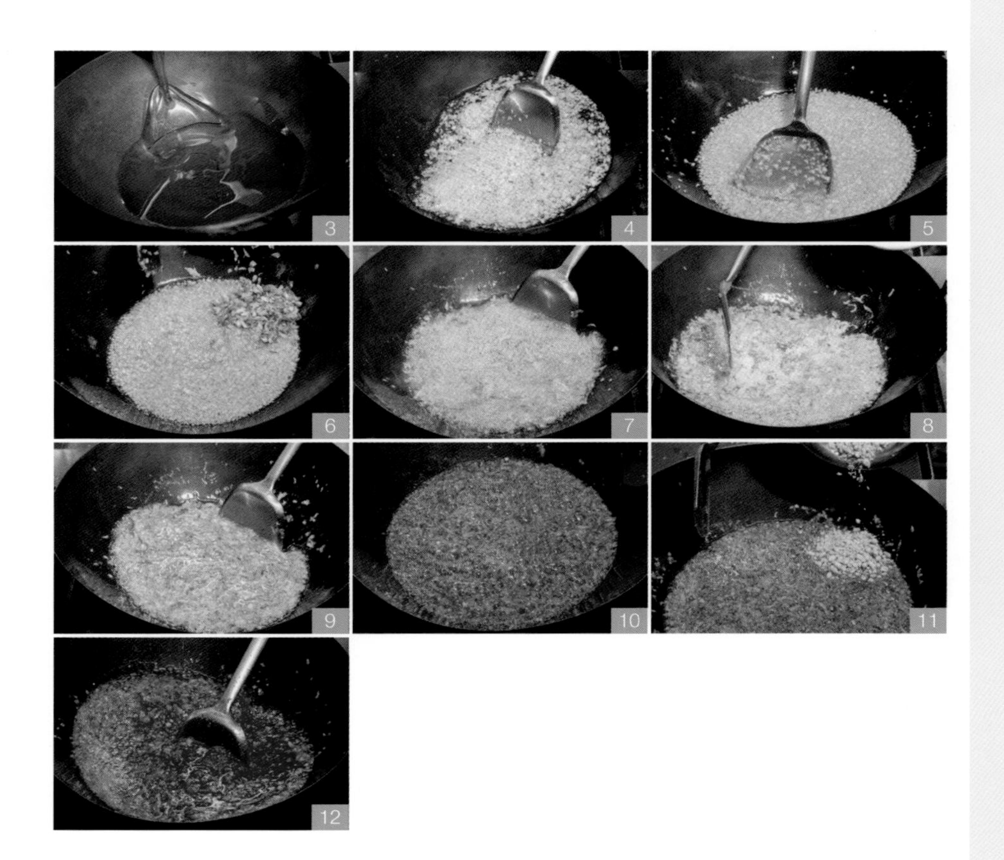

香茅蒜香焗鸡

材料

▼ 腌料

香茅	60克
蒜头	30克
盐	1匙
糖	2匙
米酒	20毫升
上汤鸡粉	1匙

▼ 食材

仿土鸡腿	1只

▼ 蘸酱

鸡汁	100毫升
蒜泥	1大匙
柠檬汁	1/2颗 挤汁
白胡椒粉	1匙

做法

备料

1 香茅洗净，先拍扁再切小段，切的时候头切细一点。图1~3

2 鸡腿取下软骨与细刺（肉鸡不用取，因为肉鸡的软骨比较软，仿土鸡比较硬所以要取），细刺都要取下，处理成适当大小。图4~14

3 不锈钢盆加入腌料所有材料，先用手抓匀，抓到汁有一点变颜色，代表香茅、蒜头的味道都抓出来了。图15~18

4 倒入适量的水，加入仿土鸡腿，水量加到刚好淹过鸡腿即可，妥善封起浸泡8小时。图19~23

熟制

5 烤盘铺上腌料内的香料，再放上仿土鸡腿（鸡皮朝上），刷上少许酱油（配方外），送入烤箱以上火220℃/下火180℃烤12分钟。图24~26

传统做法抹老抽酱油，抹酱油是为了烤的时候上色比较好看。

6 戴上手套取出，将鸡汁、蒜泥、白胡椒粉、柠檬汁拌匀，稍后当做蘸酱食用。图27~31

① 鸡汁就是做法5烤好后，盘子内的鸡油精华，拌饭、拌面都非常美味。

7 用240~250℃高油温的油反复浇淋鸡皮，浇淋至鸡皮呈红褐色。图32~36

可以用芥菜籽油，或任何不易变质的油。

炙烧红曲叉烧

材料

▼ 食材

梅花肉	800克
青葱	2根
红糖（炙烧用）	1碗

▼ 叉烧腌料

绍兴酒	1大匙
鲜味露	1小匙
蚝油	1匙
生抽酱油	1匙
红糖	2大匙
太白粉	1小匙
红曲酱	1大匙
红曲粉	1匙

▼ 蘸酱

客家金橘酱	1大匙

做法

备料

1 青葱洗净切段，排入烤盘备用；梅花肉洗净，用厨房纸巾压干水分。

腌料

2 容器放入梅花肉、腌料所有材料，一同拌匀封起，送入冰箱冷藏静置入味一天（24小时）。图1~3

红曲粉其实没有味道，主要是用来调色。

熟制

3 锅中加入适量色拉油烧热，放入叉烧，用中大火将两面煎至上色。图4~7

4 将叉烧夹出，底部垫青葱，送入预热好的烤箱，以上下火250℃烘烤18~24分钟，烤至内里成熟。图8~9

5 取出叉烧确认是否熟成，表面撒少许红糖，冷却后，用喷枪炙烧，共炙烧2次，切片完成。图10~12

① 叉烧肉因为腌制关系，从外观看不出是否熟成，建议在肉最厚的地方剪一刀，看内里状态确认是否熟成。

② 也可以直接用烤箱烤熟，一样上下火250℃烘烤20~25分钟，差别只在于表面上色状态。

加糖炙烧的手法可增加叉烧香气，炙烧后糖融化，冷却后表皮会有一层脆皮糖衣，口感更丰富。

原住民风味小炒皇

材料

▼ 食材

梅花瘦肉	600克
蒜苗	40克
芹菜	30克
小辣椒	20克
蒜碎	20克
葱段	20克
韭菜花	30克
山苏花（鸟巢蕨）	50克
叉烧肉片	100克

▼ 梅花瘦肉腌料

黑胡椒粉	1大匙
白胡椒粉	1大匙
花椒粉	1小匙
五香粉	1小匙
上汤鸡粉	1小匙
盐	1小匙
糖	1匙
米酒	3大匙

▼ 调味料

点心酱油	1大匙
米酒	1大匙

做法

备料

1 梅花瘦肉表面切花刀，与腌料拌匀，妥善封起冷藏3小时备用。图1~3

2 蒜苗洗净切片；芹菜洗净除去菜叶切段；韭菜花洗净切段；山苏花洗净切段。

1

2

3

熟制

3 锅中加入适量色拉油，将腌好的梅花瘦肉下锅煎熟，取出切片。图4~5

4 锅内继续放入梅花瘦肉片、葱段、蒜苗片、小辣椒、蒜碎，大火快炒，炒至材料均匀。

5 沿着锅边炝入米酒爆香快炒，加入芹菜、韭菜花、山苏花、点心酱油一同大火翻炒。

6 加入叉烧肉片、适量太白粉水（配方外）一同炒匀收汁，完成。

4
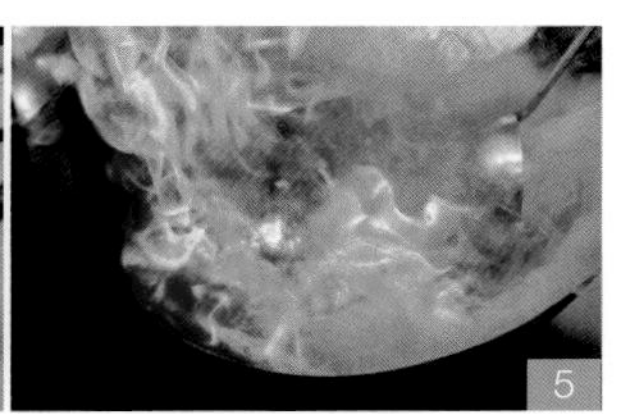
5

5 详见P.32“香葱鲜肉煎麻糬”制作点心酱油。

① 叉烧肉本身就是熟的，所以最后再加入。

② 太白粉：水为1：2，预先调匀，不可直接下太白粉勾芡，会结块。

港风翻腾鱼

材料

▼ 食材

黄鸡鱼	400克
黄豆芽	300克
香菜	30克
香芹	60克

▼ 鱼腌料

太白粉	10克
盐	5克
糖	5克
白胡椒粉	2克
麻油	1小匙

▼ 锅底料

泰国椒	120克
朝天椒	30克
花椒	10克
灯笼椒	30克
干辣椒	20克
蒜碎	20克
色拉油	600毫升

▼ 调味料

盐	1匙
糖	5克
白胡椒粉	1小匙
鲜辣汁	2大匙

处理鱼类

1 准备“三去”（去鳞、去鳃、去内脏）完毕的鱼。

2 在鱼头处切一刀。

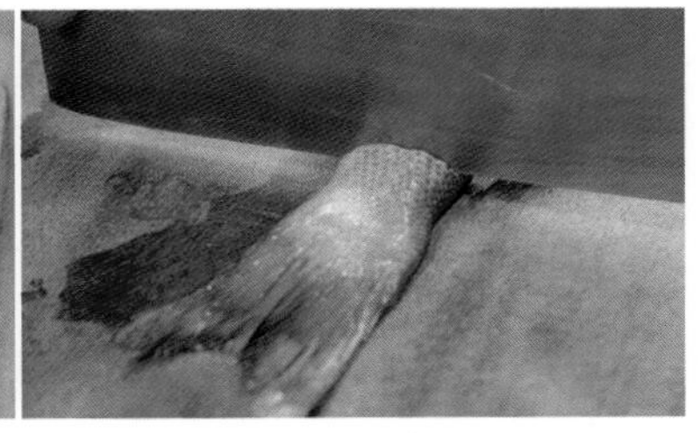

3 在鱼尾处切一刀。

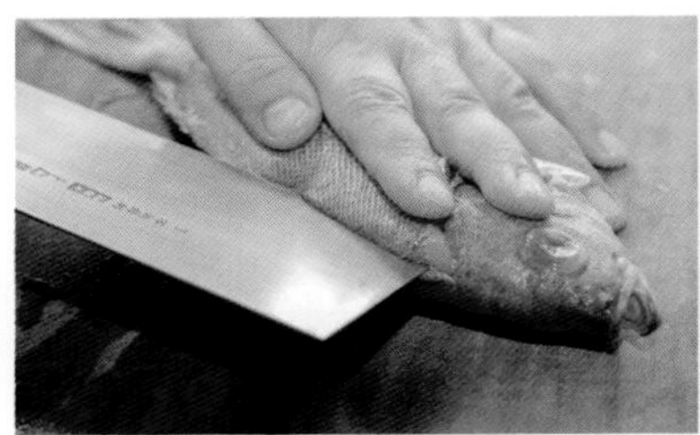

4 从鱼背划刀。

5 沿着骨头切。

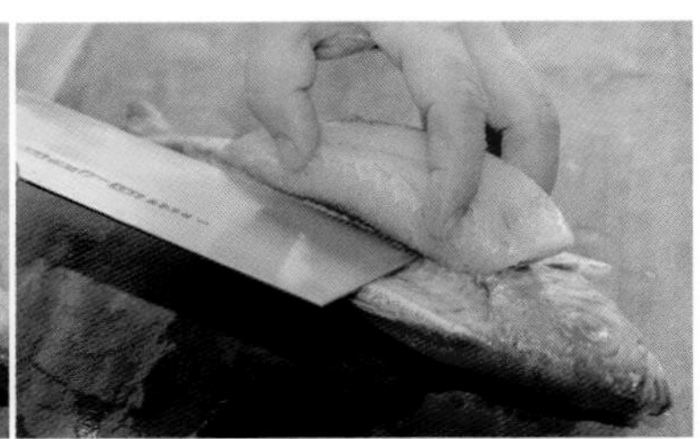

6 划刀。

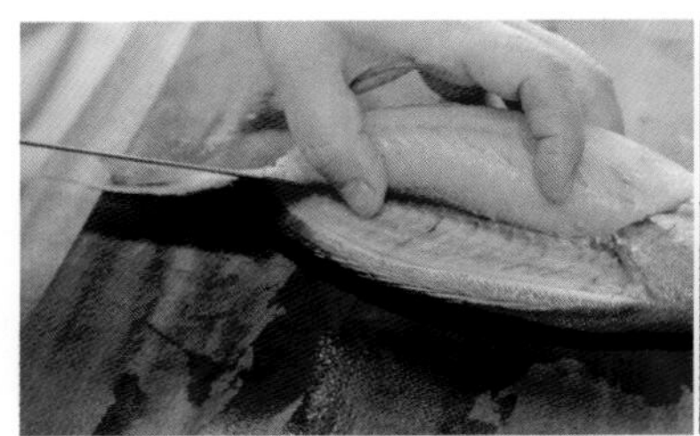

7 反复划刀。

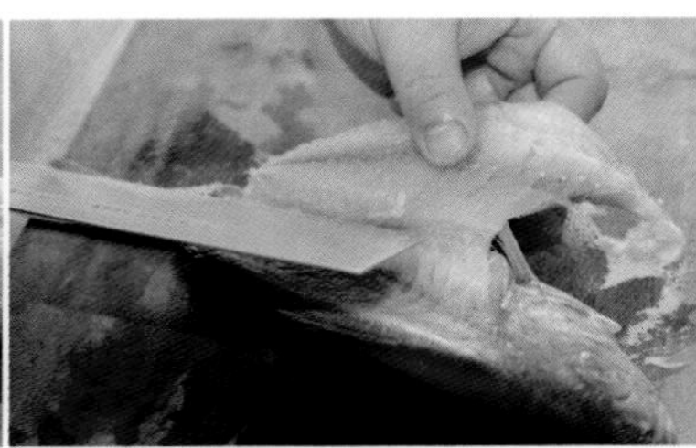

8 慢慢分离鱼片。

9 取下鱼片。

10 将鱼片切段。

11 撒上鱼腌料所有材料，去腥。

12 备用。

做法

备料

13 黄豆芽淘洗干净；香菜、香芹洗净，捡去菜叶切小段。

14 黄鸡鱼参考做法1~12洗净取肉切片，与腌料一同拌匀备用。

> 不一定要使用黄鸡鱼，任何新鲜鱼种皆可。

熟制

15 准备一锅开水，放入黄豆芽烫软，捞起沥干，放入容器。图13~17

> ① 注意此处不可烫至过软，需恰到好处让黄豆芽成熟、又保留脆的口感。
> ② 也可以在烫完时用冰块水冰镇沥干，保留脆度。

16 原锅水继续烫鱼片，烫至七分熟，鱼皮朝上铺上黄豆芽，铺平。图18~19

17 备妥锅底料材料（除了色拉油），放在盘子上抓匀，均匀撒在鱼皮上。图20~23

18 表面铺上香菜、香芹、调味料；锅中加入锅底料的600毫升色拉油，把油烧热，加热至约180℃，浇淋在食材上，将鱼焖熟完成。

> 此处浇淋不会将600毫升色拉油全部淋完，淋的时候食材因瞬间接触高温会产生“吱吱”的声音，只要淋到没有声音即可停止。

堡康利酱炆烧鱼

材料

▼ 食材

食材	用量
比目鱼片	400克
牛番茄	80克
圆茄	80克
洋菇	100克
蒜碎	20克

▼ 调味料

调味料	用量
堡康利番茄原酱	200克
生抽酱油	1小匙
红糖	1大匙
白胡椒粉	1小匙
盐	1小匙
上汤鸡粉	1小匙
麻油	1小匙
米酒	1大匙

做法

备料

1 牛番茄洗净，去蒂头切小丁；圆茄洗净，去蒂头切四瓣；洋菇洗净切片；比目鱼片洗净备用。图1~3

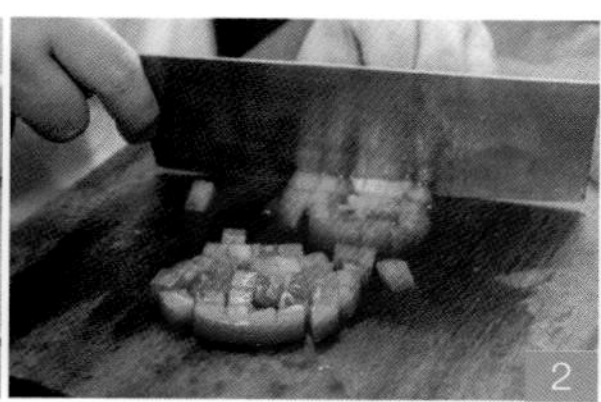

熟制

2 锅中加入适量色拉油热锅，加入蒜碎、牛番茄下锅爆香。图4~5

3 接着下圆茄、洋菇，沿着锅边炝入米酒，大火炒透。图6~7

4 加入堡康利番茄原酱、水（配方外），接着下其他调味料煮开，放入比目鱼，用中火炆烧入味，完成。图8~9

加入堡康利番茄原酱再加水，水量略盖过食材便可，不可完全淹过，完全盖过水就太多了，水量多，煮的时间就要加长，鱼会过熟，汤汁也不够浓郁。

海流白云耳

材料

▼ 食材

新鲜香菇	40克
蒜碎	20克
黄栉瓜	40克
玉米笋	40克
荷兰豆	40克
红辣椒	4小支
鲜鱿鱼（或现流透抽）	1只
泡发银耳	40克

▼ 调味料

盐	1/2小匙
糖	1小匙
麻油	1小匙
白胡椒粉	1小匙
鲜汤	1匙
米酒	1大匙

做法

备料

1 新鲜香菇去蒂切片；玉米笋洗净切斜大片；红辣椒洗净；黄栌瓜洗净去头尾切片；荷兰豆择头去尾。

2 干银耳用常温水泡开（成泡发银耳），再称出配方量，剪去蒂头。

注意不能直接用干银耳称40克制作，量会过多。

3 鲜鱿鱼洗净剥皮，切十字花刀，切片。图1~5

① “现流”指当日鱼货，不过已经不是活体的状态。“透抽”指尖枪乌贼。“冻货”就是冷冻鱼货，又分“熟冻”与“生冻”，熟冻是煮熟冷冻，生冻则是生的冷冻。

② 其他海鲜也适用这些说法。

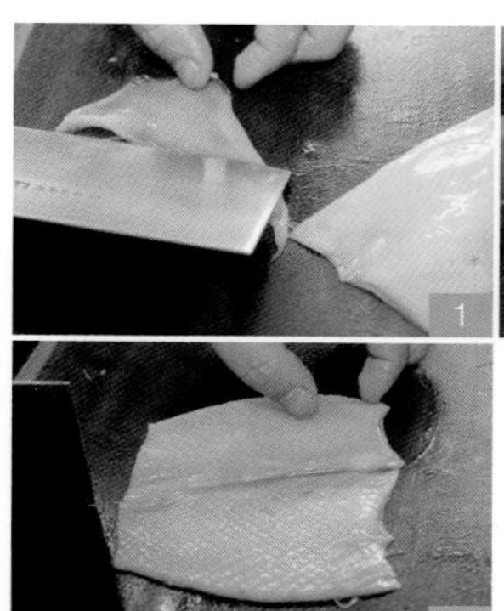
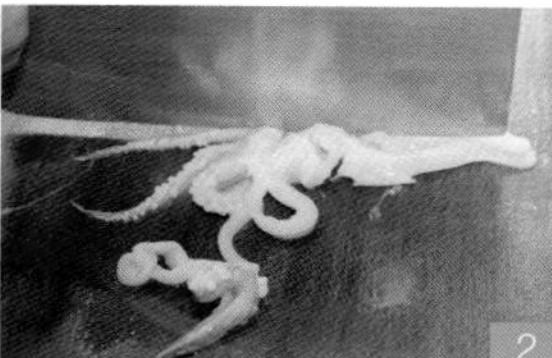

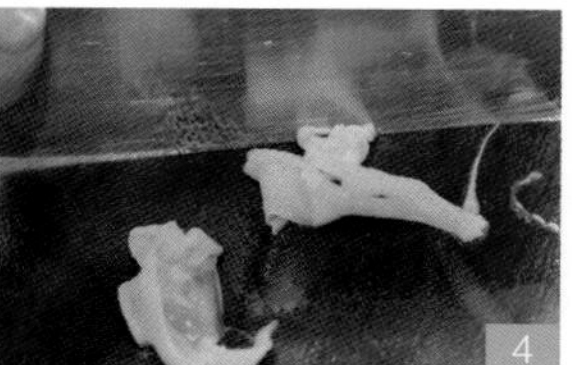

熟制

4 准备一锅开水，将黄栌瓜、玉米笋、荷兰豆、银耳、鲜鱿片一起汆烫，捞起沥干。图6

5 锅中加入适量色拉油烧热，加入蒜碎、新鲜香菇、红辣椒下锅爆香。图7

6 加入做法4食材大火快炒，加入调味料炒匀，加入适量太白粉水（配方外）勾芡收汁，完成。图8~12

太白粉：水为1：2，预先调匀，不可直接下太白粉勾芡，会结块。

辣拌金钱肚

材料

▼ 食材		▼ 调味料		▼ 去腥材料	
金钱牛肚	120克	9527爱老虎油	1大匙	老姜片	12片
红辣椒	20克	鲜辣汁	1匙	青葱（使用整根）	1根
青葱	20克	点心酱油	2匙	八角	6~8颗
中姜丝	15克	麻油	1匙	大红袍花椒	20克
香菜	20克			干月桂叶	5片

做法

备料

1 青葱洗净，切丝；香菜洗净切段；红辣椒去头尾，从中剖开去籽切丝；金钱牛肚掏洗干净；中姜丝泡水（姜丝泡水辛辣度会降低，色泽也会比较白，适合凉拌）。图1~5

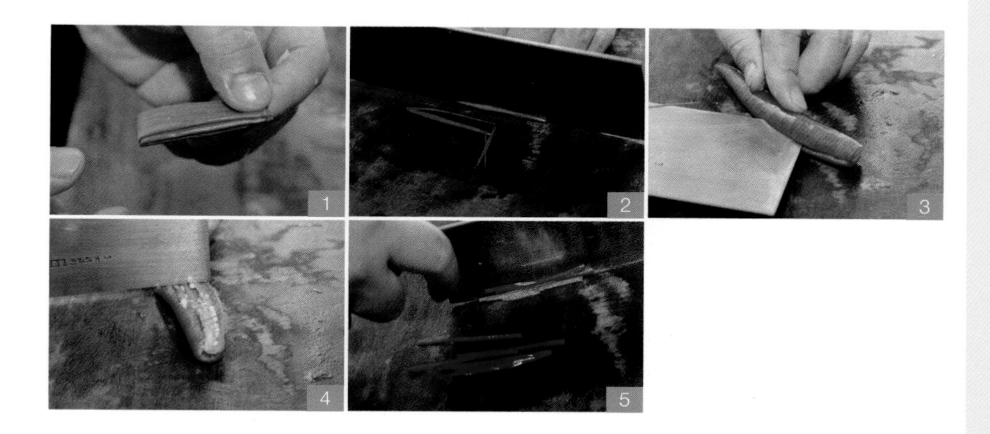

熟制

2 准备一锅开水，加入金钱牛肚、去腥材料，中火炖煮3.5~4小时，再泡1~1.5小时，炖煮加泡至弹软，取出切丝。图6~9

3 取一容器将牛肚丝、调味料一同拌匀，完成。图10~12

牛肚炖煮的时间一定要足够，可调整炖煮时间决定牛肚的软硬度。

① 牛肚丝也可以换成猪肚丝、鸡丝、蔬菜、菇类。

② 详见P.32“香葱鲜肉煎麻糬”制作点心酱油。

樱桃鸭松甜筒

材料

▼ 食材			
笋粒	60克	樱桃鸭胸	1付
奇异果粒	50克	蒜头（碎）	10克
香芹粒	30克	红葱头（碎）	20克
木耳粒	30克	马薯粒	60克
胡萝卜粒	20克	球生菜	数片

▼ 调味料	
生抽酱油	1匙
糖	1匙
白胡椒粉	1匙
鲜味露	1匙
麻油	1匙

做法

备料

1 所有食材洗净切小粒；球生菜洗净；樱桃鸭胸表皮划十字刀。图1

熟制

2 锅中加入适量色拉油热锅，樱桃鸭胸表皮朝下先煎上色，翻面继续煎至七分熟，取出放冷，切小粒备用。图2~6

熟制

3 锅子洗净擦干，加入适量色拉油热锅，加入蒜头、红葱头爆香。图7

4 加入所有食材（除了奇异果粒、樱桃鸭胸、球生菜）大火炒香。图8~9

5 加入樱桃鸭胸炒匀，加入调味料炒匀，加入适量太白粉水（配方外）勾芡收汁，加入奇异果粒略翻匀，完成。图10~12

太白粉：水为1：2，预先调匀，不可直接下太白粉勾芡，会结块。

6 球生菜像包粽子一样扭转成角锥形，填入做法5材料，装入甜筒内，完成。图13~15

这一道菜品的重点是所有食材都不可以出水，如果有会出水的食材，鸭胸也好虾松也好，炒完之后都会回潮。

文思凤凰羹

材料

▼ 食材

食材	用量
笋丝	100克
鸡胸肉	1副
新鲜香菇丝	70克
新鲜木耳丝	70克
金针菇	50克
蛋白液	40克
蛋豆腐	1/3盒
香菜碎	适量
葱花	适量

▼ 调味料

调味料	用量
盐	1匙
白胡椒粉	1匙
生抽酱油	1匙
米酒	1匙
鲜汤	1匙
麻油	1匙
葱油	1匙
红醋	1匙
水	1200毫升

▼ 鸡胸肉腌料

鸡胸肉腌料	用量
生抽酱油	1小匙
糖	1小匙
麻油	1小匙
米酒	1小匙
太白粉	1小匙

做法

备料

1 鸡胸肉洗净切丝，加入腌料拌匀，静置30分钟备用；金针菇洗净去根，剥开。图1

2 蛋豆腐先切薄片，再慢慢切丝，切的时候可以适量抹水，避免豆腐太软断开，不好操作。图2~6

如何完整的取出蛋豆腐？先把包装膜撕掉，倒扣，切一刀破坏包装内的真空状态，就可轻松取下盒子。

3 刀用侧面，小心地铲起豆腐丝，放入清水中，反复换2~3次水，将水大致倒掉。图7~8

换水时一开始比较混浊，慢慢会变清，换到变成清水即可。

熟制

4 准备一锅开水，依序汆烫笋丝、新鲜香菇丝、新鲜木耳丝、金针菇、鸡胸肉丝，捞起沥干，去除血水杂质并把材料烫熟。图9

5 锅中加入水、其他调味料（除了麻油）、做法4食材煮开，加入适量太白粉水（配方外）勾芡煮匀。图10~13

太白粉：水为1：2，预先调匀，不可直接下太白粉勾芡，会结块。

6 淋入蛋白液再次煮开，加入蛋豆腐丝、麻油，用勺背慢慢把豆腐润开，盛碗，撒上香菜碎、葱花，完成。图14~15

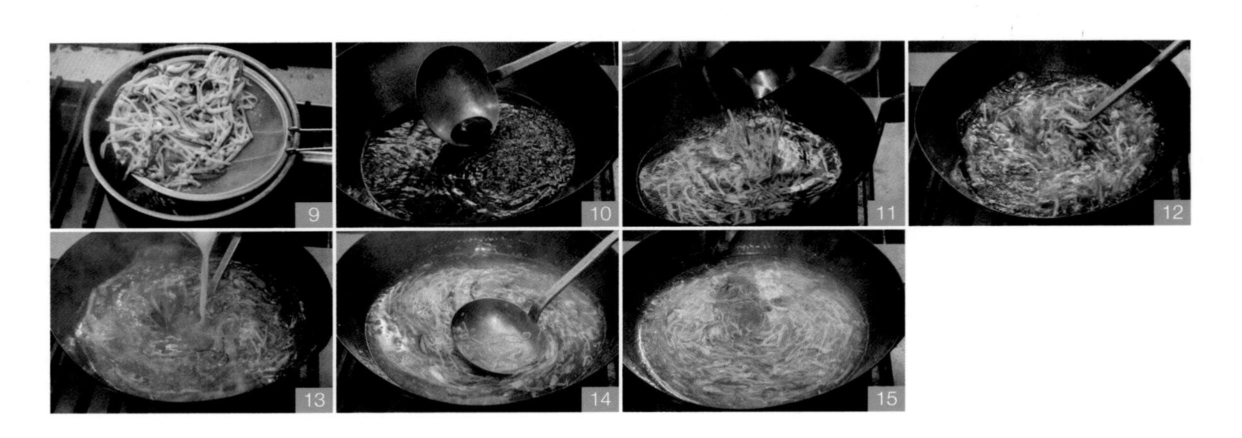

黑蒜牛奶贝炖鸡汤

材料

▼ 食材

食材	用量
仿土鸡	2000克（1只）
白萝卜	500克（1条）
黑蒜头	80克
金针菇	50克
牛奶贝	600克
老姜片	4片

▼ 调味料

调味料	用量
盐	1匙
绍兴酒	2大匙
鲜鸡汁	1匙

做法

1 牛奶贝洗净，泡水吐沙3小时以上；白萝卜去皮切块；金针菇洗净切去根部。

2 仿土鸡洗净切块；准备一锅开水，先汆烫白萝卜，把涩味烫掉捞起沥干，原锅再烫仿土鸡块，将鸡骨旁的血污杂质清洗干净。图1~4

① 做鸡汤建议买公鸡，因为母鸡比较肥（脂肪较多），炖出来的汤会太油。

② 图3与图4是鸡肾，把鸡肾剥除，鸡肉清理干净，炖出来的汤才会清澈杂质少。

3 锅中放入所有食材（除了牛奶贝、金针菇）、绍兴酒、2000毫升热水，煮滚，放入容器内加盖，送入蒸笼大火蒸20分钟，焖20分钟。

时间决定鸡肉软硬度，想吃软一点的可多蒸15~20分钟。

4 将鸡汤沥出倒入锅中，加入其他调味料、牛奶贝、金针菇，待牛奶贝全部打开关火完成，汤的部分就完成了，把所有汤料与汤盛入碗中食用即可。

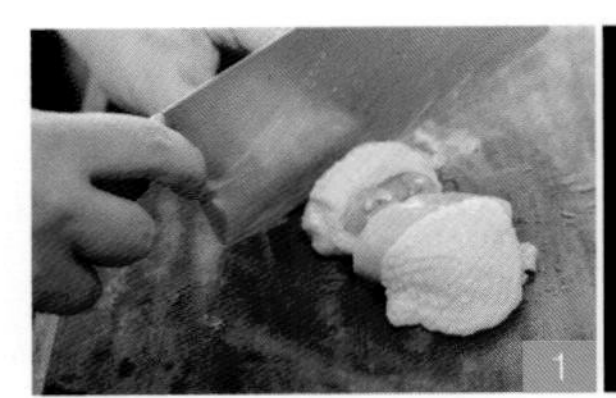

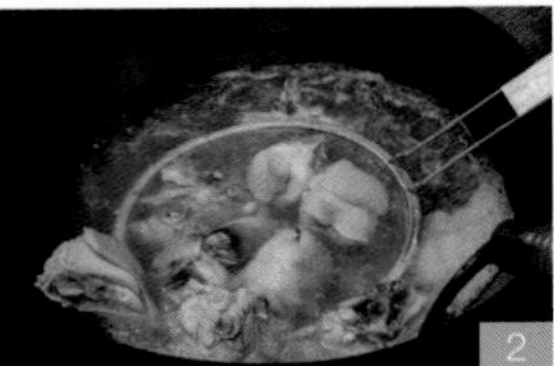

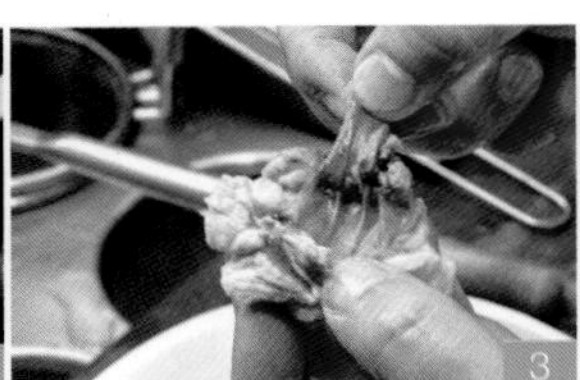

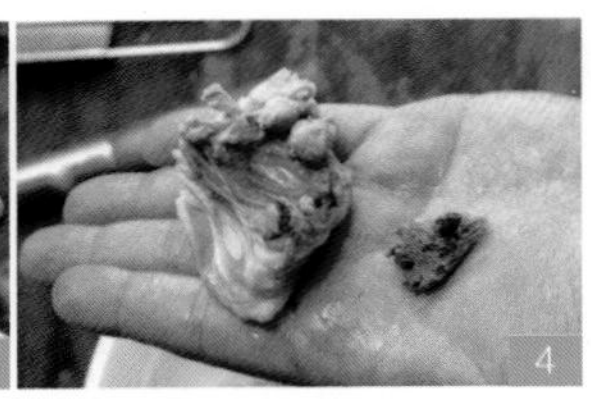

中西面点制作参考书

中式点心制作基础教程　彩色印刷

独角仙　著
页　数：160页
定　价：49.00元
ISBN：9787518414222

更多精彩内容

配套资源：

内容简介

本书主要介绍了中式点心的制作，从前面的中式点心的基础知识再到不同类型的中式点心具体制作案例，内容丰富而翔实，而且图文并茂，很容易学习和操作。本书主要介绍的中式点心有茶粿、酥点、糕点和包点四大类，涵盖了地道的广式饼点和京沪饼点。

西式面点制作基础教程　彩色印刷

罗因生　著
页　数：180页
定　价：59.00元
ISBN：9787518426348

更多精彩内容

内容简介

本书内容主要分为五部分，即西点烘焙基础知识、面包类西点制作、饼干类西点制作、点心类西点制作和蛋糕类西点制作。全书共介绍了四大类西点中具有代表性的71个品种，图文并茂，制作步骤和制作方法清晰明了。作者通过精准、稳定的配方和精简、高效的做法，为读者一一解答西点烘焙上的各种疑惑。同时，有针对性地介绍了作者多年授课所总结的西点制作技巧。

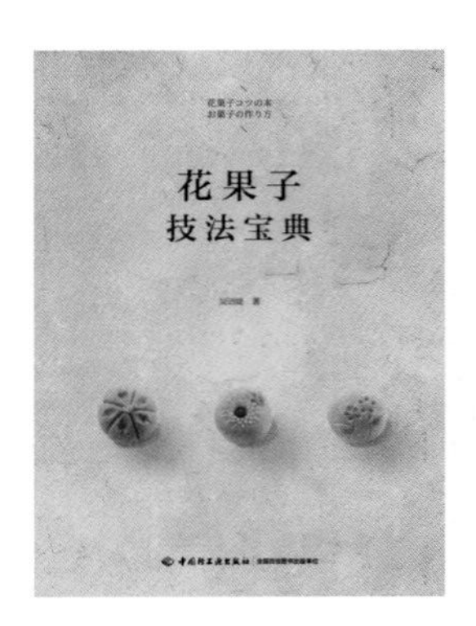

花果子技法宝典　彩色印刷

吴语婕　著
页　数：272页
定　价：168.00元
ISBN：9787518425440

更多精彩内容

配套资源：

内容简介

果子是传统日式点心，与其说是小吃，不如说是日本传统艺术品。其精致的造型完美地表现了日本人对饮食美学的追求，成为日本饮食文化的象征之一。

本书详细介绍了练切、冰皮雪果、雪平、羊羹、米果子五大类典型的日式四季时令果子的制作，按照外皮制作、馅料配方、整形技巧、工具应用全图解的方式向读者介绍果子的制作全过程。同时书中还配备了一些制作视频，让学习者更容易掌握果子的制作技法。